鉴茶评茶210问

田立平 —— 主编

中国农业出版社

图书在版编目（CIP）数据

鉴茶评茶210问 / 田立平主编. —北京：中国农业出版社，2016.12（2022.1 重印）

ISBN 978-7-109-22247-2

Ⅰ.①鉴… Ⅱ.①田… Ⅲ.①茶文化－中国 Ⅳ.①TS971.21

中国版本图书馆CIP数据核字（2016）第253337号

中国农业出版社出版

（北京市朝阳区麦子店街18号楼）

（邮政编码100125）

策划编辑　李梅

责任编辑　李梅

北京中科印刷有限公司印刷　新华书店北京发行所发行

2017年1月第1版　2022年1月北京第6次印刷

开本：710mm×1000mm　1/16　　印张：10

字数：200千字

定价：39.90元

用茶叶审评的方法辨别茶叶品质，不断实践，日久天长，感官『记住』各种茶的气味、滋味信息。唯此，正确的经验才能滋生。

茶叶分类

品鉴茶叶

绿茶

龙井茶

碧螺春

黄山毛峰

六安瓜片

太平猴魁

红茶

祁门工夫红茶

云南工夫红茶

黑茶

普洱茶

茯茶

六堡茶

白茶

君山银针

蒙顶黄芽

霍山黄芽

花茶

茉莉大白毫

碧潭飘雪

紧压茶

茶叶分类

茶叶的外形千差万别，

茶汤颜色五彩缤纷。

对比之后你会发现，

茶不仅好喝，

茶竟然还如此的丰富、美丽！

001 茶是什么

唐代陆羽在《茶经》中说：茶之为饮，发乎神农氏。在中华文化发展的历史长河中，我们的祖先会把一切与农业、植物相关的事物的起源归功于神农氏，茶也不例外。

茶是神农在野外寻找可以解毒的植物时发现的，他由自身反应判断茶是一种解毒之药。所以茶最早被发现的是由于它的药用价值。自神农发现茶叶以来，茶被中国人充分利用，从最初食用鲜叶，到采摘晒干饮用，制作工艺日趋完善，逐渐成为给中国人带来物质和精神双重享受的饮品，并走向世界，成为世界性的健康饮品。

002 茶树品种如何分类

对茶树的种类进行划分有多种分类依据，如形态分类、生态分类、品种分类等。最常被提及的是两种茶树分类：一种是以自然生长情况下茶树的高度和分枝习性，将茶树分为：①乔木型茶树，有明显的主干，分枝部位高，通常树高为3米以上；②半乔木型茶树，树高和分枝介于灌木型茶树与乔木型茶树之间，通常树高为1.5米左右；③灌木型茶树，茶树没有明显主干，分枝较密，树冠矮小，通常树高1米以下。另一种是以茶树成熟叶片的长度、宽度，将茶树分为：①特大叶种茶树，叶长14厘米以上，叶宽5厘米以上；②大叶种茶树，叶长10～14厘米，叶宽4、5厘米；③中叶种茶树，叶长7～10厘米，叶宽3、4厘米；④小叶种茶树，叶长7厘米以下，叶宽3厘米以下。

乔木型云南古茶树

栽种灌木型茶树的茶山

003 茶叶怎样分类

茶叶有多种分类方法，常用的有以下几种：

① 按发酵程度分为：不发酵茶、半发酵茶、完全发酵茶、后发酵茶。

② 按茶色分为：绿茶、红茶、青茶（乌龙茶）、黄茶、白茶、黑茶。

③ 按采制的时间分为：春茶、明前茶、雨前茶、夏茶、秋茶、冬茶。

④ 按加工程度分为：基本茶类、再加工茶类。

⑤ 按产地海拔分为：高山茶、平地茶。

004 最常见的茶叶分类是哪一种

最常见的茶叶分类，是按照加工工艺，将茶叶分为两类：基础茶类和再加工茶类。

基本茶类中，依茶多酚氧化程度不同而呈现的茶色划分为六种：

① 绿茶：制作时不经发酵，干茶、汤色、叶底均为绿色的茶为绿茶，是中国历史上最早出现的茶类。由于不发酵，鲜叶的颜色少有改变，保持了天然的绿色。

② 红茶：也叫全发酵茶，特点为红汤、红叶底。

③ 青茶：又叫乌龙茶，半发酵茶，青茶发酵程度深浅不同，发酵轻的如台湾省的包种茶，发酵重的如闽北的岩茶和台湾省的白毫乌龙茶。因干茶色泽青褐，故称“青茶”，汤色黄亮到橙黄，叶底通常为绿叶红镶边，有浓郁的花香。

④ 白茶：轻微发酵茶，茶叶呈银白色，因此叫白茶。白茶未经揉捻，因此汤色为浅杏黄色。

⑤ 黄茶：轻微发酵茶，特点为茶汤杏黄，叶底黄，故名黄茶。

⑥ 黑茶：后发酵茶，原料粗老，发酵时间较长，干茶颜色为油黑或黑褐色，汤色橙黄至红浓，叶底黄褐至红褐色，所以称黑茶。

以基本茶类的茶叶为原料，经再加工制成的茶为再加工茶。根据茶叶进行再加工的方法，又分为花茶、紧压茶、香料茶、萃取茶、果味茶、药用保健茶和含茶饮料等，最常见的为以下两种：

①花茶：鲜花加入茶坯中窨制而成的茶为花茶。茶吸收花的香气，既有鲜花的芬芳，又具有茶叶原有的醇厚滋味。最受欢迎的花茶是茉莉花茶，用烘青绿茶茶坯与茉莉花加工而成。

②紧压茶：为了运输和贮藏方便，将散茶或半成品茶（主要品种为黑茶，也有一些绿茶、红茶、乌龙茶）高温蒸软，再压制成饼、砖等形状的茶叫紧压茶。紧压茶大部分是重要的边销茶，主销西藏、青海、新疆、甘肃、内蒙古等地。

005 是不是绿茶树上结绿茶，红茶树上结红茶

不是这个道理。

采自同一种茶树上的鲜叶原料，按照不同的加工工艺，制作出来的茶品种不同，制成哪种茶叶主要由工艺决定，同时要根据茶树品种、生长地域的不同，选择适合的加工方法，做成不同种类的成品茶，即依茶树的适制性配合以适合的工艺，制成最能体现其风味的茶类。

有些茶产区也会因不同季节的茶鲜叶内质的不同特点，制成不同种类的茶。

006 为什么我国的南方适合茶树生长，北方就不行

我国北方大部分地区冬季温度太低，土壤多为碱性，不适合茶树生长。

南方的气候、土壤条件适合茶树的生长。茶树对生长环境的要求为：

①土壤：宜酸不宜碱，茶园土壤的pH一般是4.5～5.5，为酸性土壤。

②光照：宜光不宜晒，这种光照条件有利于茶树的生长。

③气候：宜暖不宜寒，这是茶树生长的重要特性。最适宜的茶树生长的温度是18～25℃。北方冬季温度过低，茶树难以成活过冬。

④ 干湿：宜湿不宜涝，这是茶树的又一特性。茶树是叶用植物，芽叶的生长需要充足的水分，季节性干旱或排水不畅都会导致茶树根系发育受阻，不利于茶树生长。

所以南方的气候、土壤更适合茶树的生长。

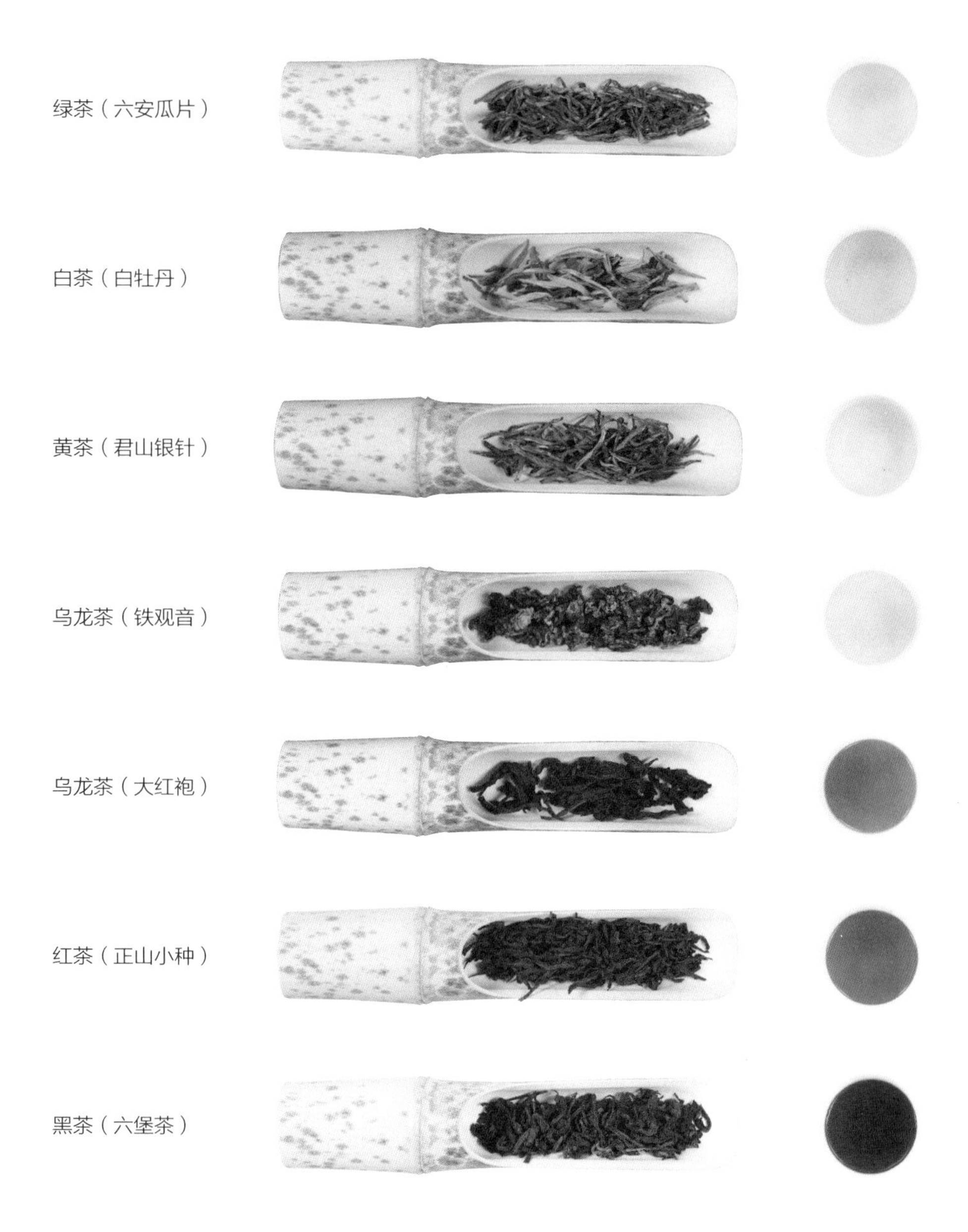

007 茶的名字是怎么来的

《茶经》中记载：神农尝百草，日遇七十二毒，得荼而解之。其中“荼”字为茶的古称。茶的名称很多，荈、蔎、槚、茗、荼等都是茶的古称。

到了唐代中期，茶的音、形、义已趋于统一，后又因陆羽《茶经》的广为流传，“茶”字逐渐统一。现在，“茗”字也常常作为茶的雅称而使用。

008 中国著名产茶区有哪些

中国农业科学院茶叶研究所将中国产茶区划分为四大茶区。

① 西南茶区：位于中国的西南部，包括云南、贵州、四川、重庆和西藏东南部等地，是中国最古老的茶区。

② 华南茶区：位于中国的南部，包括广东南部、广西南部、福建东南、台湾、海南和云南南部等地，是中国最适宜茶树生长的地区。

③ 江南茶区：位于中国长江以南、南岭以北，包括浙江、江苏南部、福建北部、湖北、湖南、江西、广东、广西和安徽等地，是中国主要茶叶产区。

④ 江北茶区：位于中国长江以北，包括河南、陕西、甘肃、山东等地和安徽北部、江苏北部、湖北北部，属于中国北部茶区。

009 西南茶区出产的名茶有哪些

① 绿茶类：云南有宝洪茶（十里香茶）；四川有竹叶青、峨眉毛峰、蒙顶甘露。

② 红茶类：云南有滇红工夫茶；四川有川红工夫茶。

③ 黄茶类：四川有蒙顶黄芽。

④ 黑茶类：云南有普洱茶；四川有四川边茶。

⑤ 紧压茶类：云南有沱茶、圆茶（七子饼）、竹筒香茶、普洱方茶等；四川有康砖茶、金尖茶；重庆有沱茶等。

云南易武茶山

四川蒙顶山皇茶园和山地茶园

010 华南茶区出产的名茶有哪些

①绿茶类：广东有古劳茶；广西有桂林毛尖；福建有天山烘绿、闽东烘青绿茶；台湾有三峡龙井。

②乌龙茶类：广东有凤凰水仙；福建有佛手、铁观音、黄金桂、色种茶；台湾有冻顶乌龙、木栅铁观音、杉林溪、膨风茶、阿里山茶、包种茶。

③红茶类：云南滇红等。

④黄茶类：广东有大叶青茶。

⑤黑茶类：广西有六堡茶。

⑥花茶类：福建茉莉花茶等。

011 江南茶区出产的名茶有哪些

①绿茶类：浙江有龙井茶、顾渚紫笋、惠明茶、平水珠茶等；江苏（苏南）有洞庭碧螺春、南京雨花茶、金坛雀舌、南山寿眉等；安徽（皖南）有黄山毛峰、太平猴魁、老竹大方、敬亭绿雪、九华毛峰；湖北（鄂西南）有象牙茶、恩施玉露、水仙茸勾茶、碧叶青等。

②红茶类：浙江有越红工夫茶、温红等；湖南有

武夷山山间茶园

湖红工夫茶；江西有宁红工夫茶；湖北有宜红工夫茶；安徽有祁门工夫茶；福建有正山小种等。

③ 黄茶类：湖南的君山银针等。

④ 黑茶类：湖南有黑毛茶、湖尖茶等；湖北省有老青茶等。

⑤ 青茶类：福建的大红袍、肉桂、水仙。

⑥ 白茶类：福建的白毫银针、白牡丹等。

012 江北茶区出产的名茶有哪些

① 绿茶类：安徽的六安瓜片、舒城兰花茶等；江苏的花果山云雾茶；湖北的仙人掌茶、碧山松针、玉茗露等；山东有日照雪青、沂蒙碧芽等；河南有信阳毛尖；陕西有午子仙毫、紫阳毛尖等。

② 黄茶类：安徽的霍山黄芽等。

杭州西湖茶区梅家坞茶园

013 茶叶品质好坏是如何评定的

鉴别茶叶品质好坏，主要采用感官审评的方法，感官评审是用手、眼、鼻、口等感觉器官对茶叶的外形与内质进行评判。茶叶审评在统一审评工具、审评方法、审评标准、审评术语的基础上，由经过国家审核批准的专业评茶师来进行审评。

014 茶叶外形审评从哪几方面入手

茶叶外形的优劣主要根据依据茶叶的嫩度、形状、色泽、净度来判定。

①嫩度：嫩度好的茶叶芽尖多，叶子细小，通常有茸毫且较多；嫩度差的茶叶通常叶子粗大，芽尖少，无茸毫。

②形状：细紧度好，整齐度好为好茶；茶叶松散为差。

③色泽：不同茶类有不同的评判标准，无论什么茶，色泽一致、光润为好，灰暗花杂为差。

④净度：优质茶外形应整齐均匀，无夹杂物及碎末。

015 茶叶内质审评的方法是什么

首先均匀取样，然后用茶秤称出3克样茶放入评茶杯中，冲入150毫升沸水，立即加盖后放置5分钟，然后倒出（沥净）全部茶汤至评茶碗中。此过程称为开汤。

开汤后，闻香气、看汤色、尝滋味、评叶底，综合判断茶叶内质。

①闻香气：一般进行三次嗅闻茶香，即热嗅、温嗅和冷嗅。

热嗅辨别香气是否纯正，有无烟焦异味及杂味。

温嗅辨别香气高低、强弱。

冷嗅辨别香气持久程度。

注意，每次嗅闻香气之前先摇动杯子，使杯子中茶汤颤动一下，便于香气挥发出来。嗅闻茶香时间不宜过长，以免因嗅觉疲劳失去灵敏性。

②看汤色：颜色的深浅、明亮或混沌程度。

③品滋味：用茶匙取茶汤一匙含入口腔，用舌循环打转，迅速辨别茶汤滋味的纯正度、浓度和鲜爽度。

茶叶审评

016 茶叶叶底审评方法是什么

将审评杯中的叶底倒入叶底盘中。审评叶底主要通过视觉和触觉辨别叶底的嫩度、色泽、均匀度和软硬度。

审评名优茶时还可将叶底倒入盘中，加入清水，使芽叶漂浮在水中，便于观察叶底的完整性、色泽和嫩度。

017 茶汤滋味审评的方法是什么

茶汤的滋味靠舌辨别，舌根感受苦味，舌尖感受甜味，舌缘两侧后部感受酸味，舌尖舌缘两侧前部感受咸味，舌心感受鲜味和涩味。

把茶汤吸入口中后，舌尖顶住上齿龈，嘴唇微微张开，舌稍向上抬，让茶汤摊在舌的中部，再用腹部呼吸从口慢慢吸入空气，使茶汤在舌上微微滚动。连续吸气两次后，辨出滋味。

注意，为了审评茶叶滋味的准确性，在评茶前不宜吸烟，不宜吃辛辣酸甜的食物，以保持味觉和嗅觉的灵敏度。

018 茶叶审评通用的茶叶外形评定术语主要有哪些

①细紧：条索细，紧实稍弯曲，均匀整齐。主要用于高档的条形绿茶。

②细长：条索紧细，苗长。用于高档的条形绿茶。

③紧结：外形紧而结实，稍弯曲。嫩度略低于细紧。主要用于中、上档条形茶。

④扁平光滑：外形扁直，光润平滑。主要用于优质龙井茶的审评。

⑤扁瘪：外形呈扁形，内质空瘪瘦弱。多见于低档茶。

⑥嫩匀：细嫩，形状大小均匀。主要用于高档绿茶。也用于叶底审评。

⑦嫩绿：浅绿鲜明。也用于汤色、叶底审评。

大叶种芽叶　　小叶种茶芽叶

⑧ 肥嫩：芽叶肥壮，锋苗显露。主要用于高档绿茶。也用于叶底审评。

⑨ 肥壮：芽叶肥大，叶肉厚实。主要用于大叶种制成的各类条形茶。也用于叶底审评。

⑩ 重实：茶叶以手权衡有沉重感。用于嫩度好、条索紧结的上档茶。

⑪ 匀净：大小一致，不含梗朴及夹杂物。常用于采、制良好的茶叶。也用于叶底审评。

⑫ 短碎：茶条碎断，无锋苗。多因条形茶揉捻或扎切过重所致。

⑬ 粗老：茶叶叶质硬无光泽。用于各类粗老茶。也用于叶底审评。

⑭ 毛糙：外形粗糙，光泽度差。多见于粗老的茶。

⑮ 松散：外形松而粗大，紧结度差。主要用于揉捻不足的粗老条形茶。

⑯ 油润：茶叶色泽鲜活，有光泽。

⑰ 枯暗：色泽干枯，无光泽。

⑱ 调匀：茶叶颜色均匀一致。

⑲ 花杂：茶叶颜色不匀。

019 茶叶审评通用的茶汤色评定术语主要有哪些

① 明亮：汤色清澈透亮；叶底鲜明。也用于叶底审评。

② 鲜明：鲜而明亮。也用于叶底审评。

③ 清澈：清新透明。主要用于高档烘青绿茶。

④ 黄亮：颜色黄而明亮。多见于上、中档绿茶。也用于叶底审评。

⑤ 黄绿：色泽绿中带黄，有新鲜感。多用于中、高档绿茶。也用于叶底审评。

⑥ 嫩黄：淡黄色亮润。多用于干燥工序火温较高或不太新鲜的高档绿茶。也用于叶底审评。

⑦ 浑浊：茶汤中有很多的悬浮物，明亮度差。主要用于揉捻过度或储存不当的劣质茶。

020 茶叶审评通用的香气评定术语主要有哪些

①清香：香气清鲜高爽。多用于高档绿茶。

②板栗香：像板栗的甜香。多见于高档的绿茶。

③季节香：在某一个特定时期生产的茶叶具有的特殊香气。如秋茶香。

④清高：清新而高爽。多见于高档烘青和半烘半炒型绿茶。

⑤浓郁：香气高、浓而持久。

⑥高火香：像炒黄豆的香气。干燥过程中温度高而制成的茶叶。

⑦纯正：香气平稳而纯正。无明显的优点和缺点。主要用于中档茶的评定。

⑧纯和：香气纯而平和。

⑨酸馊气：香气异味。腐烂变质茶叶发出的一种令人不快的酸味。在红茶初制中制作不当的部分尾茶可发生酸馊气。

⑩水闷气（味）：陈闷沤熟的令人不快的气味。常见于雨水叶或揉捻叶闷堆不及时干燥等原因造成。也用于滋味审评。

⑪生青：如青草的生腥气味。因制茶过程中鲜叶内含物质缺少必要的转化而产生。多见于夏、秋季的粗老鲜叶用滚筒杀青机所制的绿茶。也用于滋味审评。

⑫平和：香味不浓，但无粗老气味。多见于低档茶。也用于滋味审评。

⑬青气：成品茶带有青草或鲜叶的气息。多见于夏、秋季杀青不透下档绿茶。

⑭老火：焦糖香、味。常因茶叶在干燥过程中温度过高，使部分碳水化合物转化而产生。也用于滋味审评。

⑮足火香：茶叶香气中稍带焦糖香。常见于干燥温度较高的制品。

⑯陈闷：香气失鲜，不爽。常见于绿茶初制作业不及时或工序不当，如二青叶摊放时间过长的制品。

⑰ 陈气（味）：香气弱而不新鲜。主要用于存放时间过长或受潮的茶叶。也用于滋味审评。

021 茶叶审评通用的茶汤滋味评定术语主要有哪些

① 茶味：指冲泡后茶叶本身具有的滋味。常用于与其他物质拼合的茶叶审评。

② 鲜爽：鲜美爽口，有活力。

③ 鲜醇：鲜爽甘醇。

④ 鲜浓：茶味新鲜浓爽。

⑤ 浓醇：味浓而醇正。

⑥ 浓厚：茶味浓度和强度的合称。

⑦ 清爽：茶味浓淡适宜，柔和爽口。

⑧ 清淡：茶味清爽柔和。用于嫩度良好的烘青型绿茶。

⑨ 柔和：滋味温和。用于高档绿茶。

⑩ 醇厚：茶味厚实纯正。用于中、上档茶。

⑪ 醇正：味道纯正厚实。

⑫ 生味：因鲜叶内含物在制茶过程中转化不够而显生涩味。多见于杀青不透的绿茶。

⑬ 生涩：味道生青涩口。夏、秋季的绿茶如杀青不匀透，或花青素含量高的紫芽种鲜叶为原料等，都会产生生涩的滋味。

⑭ 收敛性：茶汤入口后，口腔有收紧感。

⑮ 平淡：味淡平和，浓强度低。

⑯ 苦涩：茶汤味道既苦又涩。多见于夏、秋季制作的大叶种绿茶。

⑰ 青涩：味生青，涩而不醇。常用于杀青不透的夏、秋季绿茶。

⑱ 苦味：味苦似黄莲。被真菌危害的病叶，如白星病或赤星病叶片制成的茶带苦味；个别品种的茶叶滋味也具有苦味的特性，用紫色芽叶加工的茶叶，因花青素含量高，也易出现苦味。

⑲ 味鲜：味道鲜美，茶汤香味协调。多见于高档绿茶。

⑳ 熟味：茶味缺乏鲜爽感，熟闷不快。多见于失风受潮的名优绿茶。

㉑ 火味：干燥工序中锅温或烘温太高，使茶叶中部分有机物转化而产生似炒熟的黄豆味。

㉒ 辛涩：茶味浓涩不醇，仅具单一的薄涩刺激性。多见于夏、秋季的下档绿茶。

㉓ 粗涩：滋味粗青涩口。多用于夏、秋季的低档茶。

022 茶叶审评通用的叶底评定术语主要有哪些

① 鲜亮：色泽新鲜明亮。多见于新鲜、嫩度良好而干燥的高档绿茶。

② 绿明：绿润明亮。多用于高档绿茶。

③ 柔软：细嫩绵软。多用于高档绿茶。

④ 红梗红叶：绿茶叶底的茎梗和叶片局部带暗红色。多见于杀青温度

茶汤和叶底

过低、未及时抑制酶活性，致使部分茶多酚氧化成水不溶性的有色物质，沉积于叶片组织中。

⑤ 芽叶成朵：芽叶细嫩而完整相连。

⑥ 红蒂：茎叶基部呈红色。多见于采茶方法不当或鲜叶摊放时间过长，以及部分紫芽种制成的绿茶。

⑦ 生熟不匀：鲜叶老嫩混杂、杀青程度不匀的叶底表现，如在绿茶叶底中存在的红梗红叶、青张与焦边。

⑧ 青暗：色暗绿，无光泽。多见于夏、秋季的粗老绿茶。

⑨ 青张：叶底中夹杂色深较老的青片。多见于制茶粗放、杀青欠匀欠透、老嫩叶混杂、揉捻不足的绿茶制品。

⑩ 花青：叶底蓝绿或红里夹青。多见于用含花青素较多的紫芽种制成的绿茶。

023 茶叶审评时使用的工具有哪些

① 审评盘，又称样茶盘，用于审评茶叶外形，一般用硬质薄木板制成。审评盘有长方形和正方形两种，以正方形审评盘为例，长、宽各23厘米、高3厘米，漆成白色。左边有一缺口便于倒出茶叶。

使用方法：盛放茶叶之后，双手把盘，具体为一只手堵住缺口处，一只手握住另一边水平面圆周旋转。不需上下摇动。目的是使得样茶上中下三段均匀分布，便于取茶样。

② 审评杯，用于泡茶后审评茶叶香气。审评杯瓷质纯白，杯盖有小孔，在杯把柄对面的杯口有一排锯齿形的缺口，容量一般为150毫升。国际标准审评杯高为6.5厘米、内径6.2厘米、外径6.6厘米，杯盖上外径为7.2厘米，下内径为6.1厘米，杯盖上有一小孔。

使用时杯盖盖在审评碗上，从锯齿处倒出茶汤。我国审评红、绿茶毛茶所用的审评杯与审评精茶不同，其容量为250毫升，杯沿口为弧形，审评乌龙茶用钟形杯，容量110毫升。审评杯盏均需高度一致。

审评盘

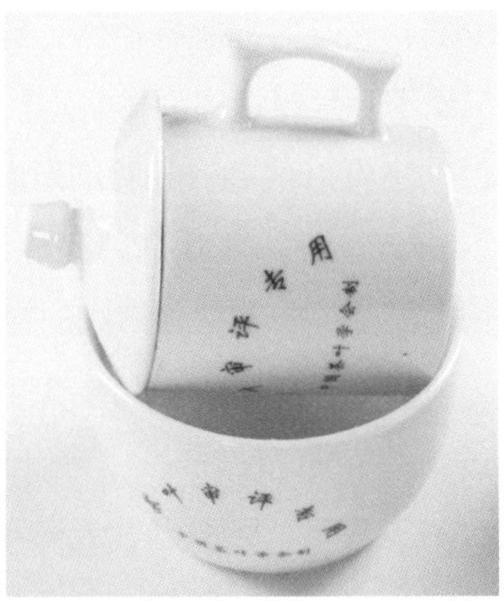

茶汤沥净入评茶碗中

看汤色

评叶底

茶叶感官审评

③审评碗，为特制的广口白瓷碗，用于审评汤色和滋味，毛茶用的审评碗容积为250毫升、精茶为150毫升，瓷色纯白一致。国际标准的审评碗外径9.5厘米、内径8.6厘米、高5.2厘米。

④叶底盘，审评叶底用，木质叶底盘有正方形和长方形两种，正方形长和宽各10厘米、高为2厘米。

⑤样茶秤，铜质特制的用于称茶的用具，秤杆一端有铜质碗形圆盘，置有3克或者5克重的扁圆铜片一块，另一端为带有尖嘴的椭圆形铜盘，用以盛装茶样。无茶秤者，采用1/10克灵敏度的小型天平、精度较高的电子秤亦可。

⑥秒时计或者定时器，秒时计为特制品，用以计时，一般采用定时器，5分钟响铃报时。

⑦网匙，用细密铜丝制成，用于捞取审评碗中的茶渣。

⑧汤杯。

⑨茶匙，瓷质纯白，用于舀取茶汤审评滋味。

电子秤

汤碗、茶匙

品鉴茶叶

由于制茶工艺的差别，

茶呈现出不同的特质，

干茶的色泽、条索形状等均有差别，

茶汤的颜色也深浅不同，

茶的香气和滋味更是千差万别。

绿茶

024 绿茶为什么是绿色的

绿茶，又称不发酵茶，是以适宜品种的茶树嫩芽或嫩叶为原料，经杀青、揉捻、干燥等加工工艺制成的茶叶。由于未经发酵，鲜叶中的叶绿素基本未经氧化而转变，因此绿茶的干茶、茶汤、叶底为绿色。

025 绿茶按照工艺如何分类

杀青是形成绿茶品质的关键工序，根据杀青、干燥方法的不同，绿茶分为炒青绿茶、烘青绿茶、晒青绿茶和蒸青绿茶。

026 什么是炒青绿茶

用锅炒杀青和干燥，制成的绿茶为炒青绿茶，简称炒青茶。炒青是我国绿茶的传统杀青方法，炒青工艺创制于明朝。炒青茶按成品茶外形分为长炒青绿茶、圆炒青绿茶、扁炒青绿茶和卷曲炒青绿茶。

①长炒青绿茶，主产区是浙江、安徽和江西三省。长炒青的品质特征是：中高档茶条索紧结，匀直匀齐，有锋苗，色泽绿润；香气浓高，滋味浓醇，汤色黄绿清

炒青绿茶——龙井茶

澈，叶底黄绿明亮。长炒青经精制后称为眉茶。

②圆炒青绿茶，也是我国绿茶的主要品种之一，历史上主要集散地是浙江绍兴平水镇，因而又名“平水珠茶”。圆炒青外形呈颗粒状，高档茶圆紧似珠，匀齐重实，色泽墨绿油润；内质香气纯正，滋味浓醇，汤色清明，叶底黄绿明亮，芽叶柔软完整。圆炒青经精制后称为珠茶，主要出口到非洲国家。

③扁炒青绿茶，干茶外形扁平，名品有龙井茶、大方茶、旗枪茶等。龙井茶因产地不同，有西湖龙井茶和浙江龙井茶之分。

④卷曲炒青绿茶，干茶外形卷曲，著名品种如碧螺春。

027 什么是烘青绿茶

烘青绿茶的干燥方式是烘干，简称烘青茶。烘青茶通常直接饮用的不多，常做窨制花茶的茶坯。

烘青名优茶有黄山毛峰、太平猴魁、开化龙顶、江山绿牡丹等。烘青的品质特征为：外形条索尚紧直，有锋苗，露毫，色泽深绿油润；内质香气清纯，滋味鲜醇，汤色黄绿清澈明亮，叶底嫩绿明亮完整。

烘青绿茶——黄山毛峰

028 什么是晒青绿茶

晒干的绿茶称为晒青绿茶，简称晒青茶。

晒青茶中南、西南各省区和陕西均有生产，如滇、鄂、黔、湘、豫、陕等，一般茶以产地命名，品质以滇青为佳。晒青茶一部分精制后以散茶形式供应市场，供直接饮用，大部分作为紧压茶原料。晒青茶的品质特征为：外形条索粗壮，色泽深绿，常有日晒气，滋味浓，汤色及叶底泛黄，常有红梗红叶。

晒青绿茶——滇青

蒸青绿茶——恩施玉露

029 什么是蒸青绿茶

采用蒸汽杀青的绿茶简称蒸青茶。蒸青茶是最古老的茶类，唐代已出现蒸青散茶。

蒸青茶著名品种为湖北省的恩施玉露。蒸青茶的品质特征为：干茶色泽绿而有光泽，香气鲜醇，滋味甘醇，叶底青绿色。恩施玉露外形如针，条索紧圆光滑，茶色绿润苍翠。日本茶叶以蒸青绿茶为主，如抹茶、玉露等。

030 绿茶的特性和功效是什么

绿茶较多地保留了鲜叶内的天然物质，其中茶多酚和咖啡因保留鲜叶中含量的85%以上，叶绿素保留50%左右，维生素损失也较少，从而形成了绿茶“清汤绿叶，滋味收敛性强”的特点。科学研究结果表明，绿茶中保留的天然物质成分，对防衰老、防癌、抗癌、杀菌、消炎等均有特殊效果，为其他茶类所不及。

031 什么是明前茶、雨前茶、春茶

① 清明之前采摘制作而成的茶叶称为明前茶，采制时间约为3月20日至4月5日。

② 谷雨之前采摘制作而成的茶叶称为雨前茶，采制时间约为4月5日至4月20日。

③ 4月底之前采摘制作而成的茶叶称为春茶，采制时间约为3月20日至4月底。

032 同种绿茶，新茶和陈茶如何区分

绿茶的品质差别较大，可根据外形和开汤后的香气茶汤、叶底进行鉴别。

新茶色泽鲜绿、有光泽，闻有浓郁茶香；泡出的茶汤色绿，有清香、兰花香、豆香、板栗香等，滋味甘醇爽口，叶底鲜绿明亮。

陈茶色黄暗晦、无光泽，香气低沉，如对茶叶用口呼热气，湿润的地方叶色黄且干涩；泡出的茶汤色泽深黄，味虽醇厚但不爽口，叶底陈黄欠明亮。

033 绿茶有哪些名优品种

中国最有名的绿茶有以下几种：

① 西湖龙井。西湖龙井茶是我国第一名茶，产于浙江省杭州市西湖山区的狮峰山、梅家坞、翁家山、云栖、虎跑、灵隐等地。

② 洞庭碧螺春。碧螺春产于江苏省苏州市吴县太湖的洞庭山东、西两山，茶树间种在枇杷、杨梅、板栗等果树之中。

③ 信阳毛尖。信阳毛尖产于河南省大别山区的信阳县，茶园主要分布在车云山、集云山、云雾山、震雷山、黑龙潭等高山峡谷之间。

④ 太平猴魁。太平猴魁产于我国著名风景区安徽省黄山的北麓，太平县新明乡三合村猴坑、猴岗、颜家等地。

⑤ 黄山毛峰。黄山毛峰产于安徽省黄山风景区的桃花峰、紫云峰、云谷寺、松谷庵、吊桥庵、慈光阁等为黄山毛峰的主要产地。

⑥ 六安瓜片。六安瓜片的产地主要在安徽省六安地区的金寨、六安、霍山三县，以金寨齐云山蝙蝠洞所产的茶叶品质为最优。

⑦ 南京雨花茶。雨花茶因产于江苏省南京市雨花台而得名。雨花茶创制于1958年。

⑧ 庐山云雾。庐山云雾茶产于江西省庐山，因茶区海拔高，常年云雾缭绕，茶的品质独特。

034 绿茶存放应注意什么

绿茶如存放得法，可以保证6个月内品质不会改变。存放中需注意：

① 应将茶叶存放在干燥、避光、通风好的阴凉处。

② 存放茶叶的容器密封效果要好。

③ 原味茶与带香味的茶分开存放。

④ 绿茶不能和有异味（化妆品、洗涤剂、樟脑精等）的物品一起存放，要远离操作间、卫生间等有异味的场所。

⑤ 茶叶的干燥度好，要轻拿轻放。

⑥ 用专用冰箱存放最佳。一般存放绿茶需在零度以下。

035 冲泡绿茶水温多少合适

水温高低与茶的老嫩、松紧、大小有关。大致来说，茶叶原料粗老、紧实、整叶的比茶叶细嫩、松散、碎叶的茶汁浸出要慢，所以粗老、紧实、整叶茶冲泡水温要稍高。水温的高低还与冲泡茶的品种有关。

高档绿茶，一般选择75～80℃的水进行泡茶。

大宗绿茶，选择90℃的水就可以了。

036 冲泡绿茶什么器具最合适

高档绿茶宜用玻璃杯冲泡，可以看到清汤绿叶在杯中上下漂舞的美；大宗绿茶可以选用玻璃盖碗、白瓷盖碗、瓷壶、玻璃壶等冲泡。

037 绿茶品评包括哪些方面

在我国茶叶审评中使用的、表述绿茶感官品质特征的审评术语是最多、最全面的。绿茶品评包括以下几项：

①外形的评定，包括干茶形状、干茶色泽。

②汤色评定。

③香气评定。

④滋味评定。

⑤叶底评定。

038 绿茶品评中外形的评定术语，常用的有哪些

干茶形状：

①细紧：条索细，紧卷完整。用于高档条形绿茶。

②细长：紧细苗长。用于高档条形绿茶。

③紧结：茶叶卷紧结实，其嫩度稍低于细紧。多用于中、上档条形茶。

④扁平光滑：茶叶外形扁直平伏，光洁平滑。为优质龙井茶的主要特征。

⑤重实：有沉重感。用于嫩度好、条索紧结的上档茶。

⑥肥壮：芽叶肥大，叶肉厚实。多用于大叶种制成的各类条形茶。也用于叶底审评。

⑦肥嫩：芽叶肥，锋苗显露，叶质丰满不粗老。多用于高档绿茶。也用于叶底审评。

⑧匀净：大小一致，不含梗朴及夹杂物。常用于采、制良好的茶叶。也用于叶底审评。

⑨扁片：粗老的扁形片茶。

⑩扁瘪：茶叶呈扁形，质地空瘪瘦弱。多见于低档茶。

⑪短碎：茶条碎断，无锋苗。多因条形茶揉捻或扎切过重所致。

⑫卷曲：茶条呈螺旋状弯曲卷紧。

⑬粗老：茶叶叶质硬，叶脉隆起。用于各类粗老茶。也用于叶底审评。

⑭粗壮：茶身粗大，较重实。多用于叶张较肥大、肉质尚重实的中下档茶。

⑮毛糙：茶叶外形粗糙，不够光洁。多见于制作粗放之茶。

⑯松散：外形松而粗大，不成条索。多见于揉捻不足的粗老长条绿茶。

干茶色泽：

①糙米色：嫩绿微黄的颜色。

②嫩匀：细嫩，匀齐。多用于高档绿茶。也用于叶底审评。

③嫩绿：浅绿新鲜，也用于汤色、叶底审评。

④枯黄：色黄无光泽。多用于粗老绿茶。

⑤陈暗：无光泽变暗。多见于陈茶或受潮的茶叶。也用于汤色、叶底审评。

⑥银灰：呈浅灰白色，略带光泽。多用于毫中隐绿的高档烘青型或半烘半炒型名优绿茶。

⑦墨绿：干茶色泽呈深绿色，有光泽。多见于春茶的中档绿茶。

⑧绿润：色绿鲜活，富有光泽。多用于上档绿茶。

039 绿茶品评中汤色评定术语，常用的有哪些

①明亮：茶汤清澈透明；叶底鲜明，色泽一致。也用于叶底审评。

②鲜明：新鲜明亮。也用于叶底审评。

③清澈：洁净透明。多用于高档烘青绿茶。

④黄亮：颜色黄而明亮。多见于中上等绿茶或存放时间较长的名优绿茶。也用于叶底审评。

⑤黄绿：色泽绿中带黄，有新鲜感。多用于中、高档绿茶。也用于叶底审评。

⑥嫩黄：浅黄色。多用于干燥工序火温较高或不太新鲜的高档绿茶。也用于叶底审评。

⑦红汤：绿茶汤色呈浅红色。多因制作技术不当而造成。

⑧浑浊：茶汤中有较多的悬浮物，透明度差。多见于揉捻过度或酸、馊等不洁净的劣质茶。

040 绿茶品评中香气评定术语，常用的有哪些

①嫩香：柔和、新鲜的高香茶。多用于原料幼嫩、采制精细的高档绿茶。

②清香：多毫的烘青型嫩茶特有的香气。多用于高档绿茶。

③板栗香：又称嫩栗香。似熟板栗的甜香。多见于制作中火功恰到好处的高档绿茶及个别特殊品种的茶。

④清高：清纯，高而持久。多见于杀青后，经快速干燥的高档烘青和半烘半炒型绿茶。

⑤海藻香（味）：茶叶的香气和滋味中带有海藻、苔菜类的味道。多见于日本产的上档蒸青绿茶。也用于滋味审评。

⑥浓郁：香气高锐，浓烈持久。

⑦ 高火香：炒黄豆似的香气。干燥过程中温度偏高制成的茶叶。常具有高火香。

⑧ 纯正：香气正常、纯正。表明茶香既无突出的优点，也无明显的缺点。用于中档茶的香气评语。

⑨ 烟焦气（味）：茶叶被烧灼但未完全炭化所产生的味道。多为杀青温度过高、部分叶片被烧灼释放出的烟焦气味被茶叶吸收所致。也用于滋味审评。

⑩ 纯和：香气纯而正常，但不高。

⑪ 酸馊气：香气异味，变质茶叶发出的一种令人不快的酸味。在红茶初制中制作不当可产生酸馊气。

⑫ 水闷气（味）：陈闷沤熟的令人不快的气味。也用于滋味审评。

⑬ 生青：如青草的生腥气味。因制茶过程中鲜叶内含物缺少必要的转化而产生。多见于夏、秋季的粗老鲜叶用滚筒杀青机所制的绿茶。也用于滋味审评。

⑭ 平和：香味不浓，但无粗老气味。多见于低档茶。也用于滋味审评。

⑮ 青气：成品茶带有青草或鲜叶的气息。多见于夏、秋季杀青不透下档绿茶。

⑯ 老火：焦糖香、味。常因茶叶在干燥过程中温度过高、使部分碳水化合物转化而产生。也用于滋味审评。

⑰ 足火香：香气中稍带焦糖香。常见于干燥温度较高的制品。

⑱ 陈闷：香气失鲜，不爽。常见于绿茶初制作业不及时或工序不当。如二青叶摊放时间过长的制品。

⑲ 陈气（味）：香气滋味不新鲜。多见于存放时间过长或失风受潮的茶叶。也用于滋味审评。

041 绿茶品评中滋味评定术语，常用的有哪些

①茶味：指冲泡后茶叶本身具有的滋味。常用于与其他物质拼合的茶叶审评。

②鲜爽：茶味鲜美爽口，有活力。

③鲜醇：茶味鲜爽甘醇。

④鲜浓：茶味新鲜浓爽。

⑤浓醇：茶味浓而醇正。

⑥浓厚：茶味浓度和强度的合称。

⑦清爽：茶味浓淡适宜，柔和爽口。

⑧清淡：茶味清爽柔和。用于嫩度良好的烘青型绿茶。

⑨柔和：茶味温和。用于高档绿茶。

⑩醇厚：茶味厚实纯正。用于中、上档茶。

⑪醇正：茶味纯正厚实。

⑫生味：因鲜叶内含物在制茶过程中转化不够而显生涩味。多见于杀青不透的绿茶。

⑬生涩：味道生青涩口。夏、秋季的绿茶如杀青不匀透，或以花青素含量高的紫芽种鲜叶为原料等，都会产生生涩的滋味。

⑭收敛性：茶汤入口后，口腔有收紧感。

⑮平淡：味淡平和，浓强度低。

⑯苦涩：茶汤味道既苦又涩。多见于夏、秋季制作的大叶种绿茶。

⑰青涩：味生青，涩而不醇。常用于杀青不透的夏、秋季绿茶。

⑱苦味：味苦似黄莲。被真菌危害的病叶。如白星病或赤星病叶片制成的茶带苦味；个别品种的茶叶滋味也具有苦味的特性，用紫色芽叶加工的茶叶，因花青素含量高，也易出现苦味。

⑲味鲜：味道鲜美，茶汤香味协调。多见于高档绿茶。

⑳熟味：茶味缺乏鲜爽感，熟闷不快。多见于失风受潮的名优绿茶。

㉑火味：干燥工序中锅温或烘温太高，使茶叶中部分有机物转化而产

生似炒熟的黄豆味。

㉒ 辛涩：茶味浓涩不醇，仅具单一的薄涩刺激性。多见于夏、秋季的下档绿茶。

㉓ 粗涩：滋味粗青涩口。多用于夏、秋季的低档茶。如夏季的五级炒青茶，香气粗糙，滋味粗涩。

042 绿茶品评中叶底评定术语，常用的有哪些

① 鲜亮：色泽新鲜明亮。多见于新鲜、嫩度良好而干燥的高档绿茶。

② 绿明：绿润明亮。多用于高档绿茶。

③ 柔软：细嫩绵软。多用于高档绿茶。

④ 红梗红叶：绿茶叶底的茎梗和叶片局部带暗红色。多见于杀青温度过低、未及时抑制酶活性，致使部分茶多酚氧化成水不溶性的有色物质，沉积于叶片组织中。

⑤ 芽叶成朵：芽叶细嫩而完整相连。

⑥ 红蒂：茎叶基部呈红色。多见于采茶方法不当或鲜叶摊放时间过长，以及部分紫芽种制成的绿茶。

⑦ 生熟不匀：鲜叶老嫩混杂、杀青程度不匀的叶底表现。如在绿茶叶底中存在的红梗红叶、青张与焦边。

⑧ 青暗：色暗绿，无光泽。多见于夏、秋季的粗老绿茶。

⑨ 青张：叶底中夹杂色深较老的青片。多见于制茶粗放、杀青欠匀欠透、老嫩叶混杂、揉捻不足的绿茶制品。

⑩ 花青：叶底蓝绿或红里夹青。多见于用含花青素较多的紫芽种制成的绿茶。

043 泡好一杯绿茶的要点是什么

泡好一壶绿茶有四大要点：

① 茶叶用量：量取茶叶时，一定要根据喝茶人的多少、茶具的大小（泡茶的器皿）、茶的性质（茶叶是紧结还是松散）、个人喜好（根据喜欢喝浓茶或淡茶进行调整）、喝茶人的年龄（例如儿童和老人要喝淡茶）来选择茶的用量。

② 泡茶温度：水温高低与茶的老嫩、松紧、大小有关。大致来说，原料粗老、紧实、整叶的比茶叶细嫩、松散、碎叶的冲泡水温要高。水温的高低还与冲泡茶的品种有关。

高档绿茶一般选择75～80℃的水泡茶，大宗绿茶可用90℃的水。

③ 泡茶的时间：与茶叶的老嫩和茶的形态有关，一般绿茶泡2、3分钟即可。

④ 投茶量：1克茶用50～60毫升水，一杯茶用3克左右茶叶即好。

龙井茶

044 西湖龙井有什么特点

浙江素称丝茶之府，出产的茶叶中最著名的要数西湖龙井了。

西湖龙井创制于明代之前，主产于杭州市西湖区的翁家山、龙井、梅家坞、杨梅岭、九溪、双峰等地，以翁家山、狮子峰、龙井村等地出产的狮峰龙井品质最佳。

龙井茶的采摘有三大特点：一早，二嫩，三勤，以早为贵。明前茶品质最佳，500克干茶约需36000颗嫩芽方可炒制成。龙井茶成品茶的特点为：色泽翠绿嫩黄，芽毫隐藏，外形扁平光滑，形似“碗钉”，汤色碧绿明亮，香馥如兰，鲜嫩高长。滋味甘醇鲜爽，叶底嫩绿，匀齐成朵。有“四绝佳茗”之誉——色绿、香郁、味醇、形美。

045 龙井茶是如何制作的

龙井茶为扁炒青绿茶的一种，极受人们的喜爱。龙井茶品质的好坏与其制作工艺息息相关。龙井茶的制作大致经过以下工序：

①采摘，以“明前茶”品质最佳，只采一芽一叶。

②摊放（萎凋），采摘的茶青放在阴凉处进行摊放，使茶青挥发一部分水分，增加茶青的韧性，散发茶叶中所含的青草气，增进茶香，减少苦涩味，提高鲜爽度。

龙井茶

③ 杀青，炒茶锅中抹上少许的植物油，放入茶鲜叶，以抓、抖方式炒制，散发部分水分。

④ 揉捻，改用搭、压、抖、甩等手法进行初步造型，压力由轻而重，达到理直成条、压扁成型的目的，炒至七八成干时即起锅，一般需炒制十几分钟。揉捻的目的是将茶叶的叶细胞揉碎，使茶汁覆于茶叶的表面，改变茶叶的形状，有利于茶汁渗出。

⑤ 干燥，继续炒制，让水分挥发至含水量3%～5%，历时20多分钟，锅温分低、高、低三个过程，手法压力逐步增加，主要采用抓、扣、磨、压、推等手法。其要领是手不离茶，茶不离锅。炒至茶茸毛脱落，扁平光滑，茶香透出，折之即断。

⑥ 分筛归堆，经过以上步骤制作完成的茶叶进行过筛，保证成品茶大小均匀，筛去黄片以及茶末，然后分包保存。

⑦ 存放，最后是干燥去潮，将归堆后的茶叶放入底层铺有块状石灰的

盖碗泡龙井茶

缸中，密封存放一星期左右，这样处理的龙井茶会更加清香馥郁，滋味更加鲜醇爽口。

制茶中，炒茶师的技术至关重要，炒茶师需要不断变换炒制手法，炒制手式主要有抖、搭、搨、捺、甩、抓、推、扣、压、磨等，还要根据鲜叶大小、老嫩程度和锅中茶坯的成型程度不断变化手法。

046 龙井茶都是西湖一带出产的吗

龙井茶得名于龙井，龙井位于西湖之西翁家山西北麓的龙井茶村，这里是西湖龙井的原产地。

龙井茶因其产地不同，分为西湖龙井、大佛龙井、钱塘龙井、越州龙井四种，除了西湖产区一百多平方千米的茶区内所产的茶叶叫作西湖龙井外，浙江境内其他产地出产的龙井称为浙江龙井。浙江龙井又以大佛龙井质优。

西湖区龙井茶园

047 如何选购西湖龙井

结合龙井茶产地，通过干评外形，湿评汤色、香气、滋味、叶底，综合地判断选购。

①外形评定：根据龙井茶外形的基本特征，大多数茶叶的产地是可以区分的。

龙井茶的级别与色泽有一定的关系，高档春茶，色泽嫩绿为优，嫩黄色为中，暗褐色为下。夏秋季制的龙井茶色泽青暗或灰褐，是低次品质的特征之一。机制龙井茶的色泽较暗绿。

②茶汤色泽的评定：高档茶大多数汤色显嫩绿、嫩黄，中低档茶和失风受潮茶汤色偏黄褐。

③香气和滋味的评定：西湖龙井嫩香中带清香，滋味较清鲜柔和；浙江龙井带嫩栗香，滋味较醇厚。但也存在不少变数，即使是西湖龙井，一

龙井茶

龙井茶茶汤

龙井茶叶底

旦炒成老火茶，呈炒黄豆香后，则不易从香气上分清其产地。在江南茶区，室温条件下贮存的龙井茶，过梅雨季后，汤色变黄，香气趋钝。

④叶底的评定：把杯中的茶渣倒入长方形的搪瓷盘中，再加入冷水，看叶底的嫩匀程度。

以上几项均符合龙井特征的可考虑购买。

048 龙井茶有什么传说故事

龙井茶因“龙井”而得名。龙井位于西湖的西侧翁家山的西北，即现在的龙井村。龙井原名龙泓，是一个圆形的泉池，古人认为此泉与海相通，其中有龙，所以称为龙井。

龙井茶流传着一个“十八棵御茶”的故事。传说乾隆皇帝下江南，路经杭州龙井狮子峰，见采茶女在茶园中采茶，心中一乐，就学着采茶女采起茶

西湖初春

来。刚采了一把，忽听来报：太后有病，请皇上急速回京。乾隆皇帝一听，随手将一把茶叶放入袋内，赶紧赶回京城。太后只因脾胃不调而胃里不适，没什么大病。见皇帝来到，只闻到一股清香，便问皇帝带来什么好东西。皇帝随手一摸——原来是自己采的一把茶叶，几天过去茶叶已经干了，香气透出。皇帝让宫女将茶泡好，清香扑鼻，太后喝了一口，马上舒服多了。太后高兴地说："杭州龙井的茶叶真是灵丹妙药。"乾隆见太后这么高兴，立即传令，将杭州狮峰山下胡公庙前十八棵茶树封为御茶，每年采摘的新茶专门进贡太后。至今，杭州龙井村胡公庙前还保存着这十八棵御茶。

049 如何品鉴龙井茶

品尝高级龙井茶时多用无色透明的玻璃杯，用75～80℃的开水进行冲泡，泡茶时不盖盖儿，以免产生熟味。龙井茶冲泡后芽叶直立，簇立杯中，上下沉浮。品一口，齿颊留芳，沁人肺腑。

050 为什么"龙井茶，虎跑水"被称为杭州的"双绝"

虎跑泉被评为"天下第三泉"，位于西湖南大慈山定慧禅寺中，泉水从石英砂岩中流出，水质极为纯净。虎跑水的水分子密度高，表面张力大，若将泉水盛于碗中，即使水面涨出碗口沿2、3毫米，也不外溢。清代丁立诚的《虎跑泉水试钱》诗中说："虎跑泉勺一盏平，投以百钱凸水晶。绝无点点复滴滴，在山泉清玉液凝。"

据地矿专家测定，虎跑泉水中含有三十多种微量元素。而虎跑泉四周又是著名西湖龙井茶产地，同一方水土上，好泉好茶并列，为人所称道。

碧螺春

051 洞庭碧螺春最大特点是什么

碧螺春最大特色是洞庭碧螺春茶区的自然生态和碧螺春茶的细嫩程度。

洞庭碧螺春创制于明末清初，产自江苏苏州吴县西南的太湖洞庭东山和洞庭西山。太湖中的东、西山为我国著名的茶、果间作区，桃、杏、李、枇杷、杨梅、柑橘等果树与茶树混栽套种，果树为茶树蔽覆霜雪，茶树和果树的根脉相通，茶能饱吸花香，花窨果味。故此地出产的碧螺春有特殊的花果香，堪称我国名茶中的珍品，人称“吓煞人香”。

碧螺春原料采摘有三大特点：一早、二嫩、三拣得净，以春分至清明前采制的最为名贵。

碧螺春成品茶条索纤细，卷曲成螺，满身披毫，银白隐绿；茶汤香气浓郁，有天然的花果香气，滋味鲜醇甘厚，茶汤嫩绿，银毫翻飞，花香鲜爽，滋味醇和，叶底柔匀。有一嫩（芽叶）三鲜（色、香、味）之称。

碧螺春堪称最细嫩的绿茶，500克高档碧螺春成品茶约需6万颗芽头制成。

碧螺春茶

052 碧螺春是如何制作的

碧螺春是螺形绿茶，原料采摘后，经过以下工序制成：

①萎凋：将茶青在阴凉处摊放，使茶青消失部分水分。

②杀青：在平锅内或斜锅内进行，当锅温190～200℃时投叶500克左右，以抖为主，双手翻炒，做到捞净、抖散、杀匀、杀透、无红梗无红叶、无烟焦叶，历时3～5分钟。

③揉捻：锅温70～75℃，采用抖、炒、揉三种手法交替进行，边抖，边炒，边揉，随着茶叶水分的减少，条索逐渐形成。炒时手握茶叶松紧应适度。当茶叶达六七成干，时间约10分钟左右，继续降低锅温转入搓团显毫过程。

④搓团显毫：锅温50～60℃，边炒边用力地用双手将茶叶揉搓成数个小团，不时抖散，反复多次，搓至条形卷曲，茸毫显露，达八成干左右。历时12～15分钟。

⑤烘干：采用轻揉、轻炒手法，以固定形状，继续显毫，蒸发水分。

053 碧螺春名字为什么是这个“螺”字

在制作碧螺春的工艺中，“搓团显毫”是形成碧螺春形状卷曲似螺、茸毫满披的关键工序。卷曲成螺形，这是碧螺春的外形特征。

054 如何选购碧螺春

选购碧螺春要通过赏干茶、闻茶香、品茶味、看叶底来判断碧螺春的品质。

①看外形，干茶细（瘦）、紧长、稍弯曲，像蜜蜂的腿，这是优质碧螺春的重要特征之一。茶叶上有白毫遮掩，茸毛紧贴茶叶，色白隐绿。干茶闻起来有茶叶的自然清香，带有纯正的甜香味。

②闻茶香，80℃左右的沸水先倒入水杯，后放茶叶，碧螺春条索细紧重实，冲泡时迅速下沉，不浮在水面。第一泡茶开汤后闻香：甜香味最浓，有清新的花果香，香气高而持久；第二泡茶开汤后香气清鲜、纯正。

③品滋味，第一泡茶开汤后滋味以甜香为主，口齿留香持久；第二泡茶开汤后滋味最浓，喝起来有点苦，微带涩，回味甘甜，生津快。

④看叶底，叶底可见芽头匀齐，嫩软，韧性好，色泽绿黄明亮。

碧螺春

碧螺春叶底

碧螺春茶汤

055 碧螺春有什么传说故事

相传很早以前，太湖洞庭山上住着一位名叫碧螺的姑娘，东洞庭山上住着一个名叫阿祥的小伙子，两人深深相爱。有一年，太湖中出现一条残暴的恶龙，扬言要抢走碧螺姑娘，阿祥潜到西洞庭山，同恶龙搏斗7天7夜，阿祥战胜恶龙倒在血泊中，伤势一天天恶化。一天，照料阿祥的碧螺姑娘在阿祥与恶龙搏斗的地方看到一棵小茶树，碧螺姑娘认真培育小茶树。清明前后，碧螺姑娘采摘了一把茶树嫩叶，回家泡给阿祥喝。阿祥喝了茶，病居然一天天好起来。阿祥得救了，碧螺姑娘却因劳累死去了。阿祥悲痛欲绝，把碧螺姑娘埋在小茶树旁，培育茶树，采茶制茶。为了纪念碧螺姑娘，人们就把碧螺姑娘发现的茶取名为“碧螺春”。

056 怎样冲泡碧螺春

碧螺春的冲泡极具艺术美感，为了方便观赏，可选用洁净透明的玻璃杯。每杯茶用茶叶3克，可根据喜好的浓淡调整茶叶用量的多少。泡茶水温，上好的碧螺春用75℃沸水冲泡。

冲泡方法：

①温杯，温杯的目的在于提高杯子的温度，同时清洁茶具。

②赏茶，将茶叶拨至茶荷中展示给喝茶的人。

③冲水，注入75℃的热水至杯的七分满。

④置茶，将茶叶徐徐拨入杯中，满披茸毛的细嫩茶芽吸水后迅速沉降舒展，茶汤渐显玉色，清香扑鼻。

上投法

⑤泡茶，浸泡时间为2、3分钟，之后可慢慢品饮。

先注入沸水，后放入茶叶的置茶法为上投法。因碧螺春茶毫多，故使用上投法冲泡。注意置茶时要均匀。

黄山毛峰

057 黄山毛峰的特点是什么

黄山毛峰因干茶芽尖、披毫，鲜叶采摘自黄山风景区山峰间的茶树上，因而叫“黄山毛峰”，为光绪年间谢裕泰茶庄创制。黄山毛峰四大名产地为汤口、岗村、杨村、芳村，又称四大名家。现在黄山毛峰产区扩展到黄山市的三区四县。

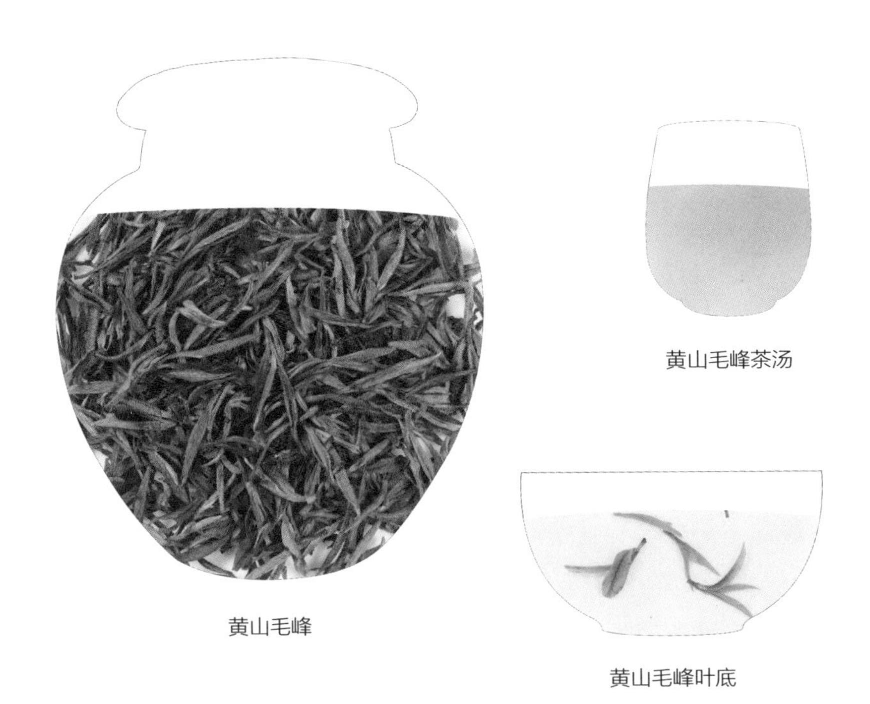

黄山毛峰茶汤

黄山毛峰

黄山毛峰叶底

黄山毛峰具有如下特点：

①干茶：形似雀舌，匀齐壮实，锋显毫露。

②颜色：色如象牙，鱼叶黄金。

③汤色：清澈微黄。

④香气：清新、高长，花香显露。

⑤滋味：鲜浓甘甜。

⑥叶底：嫩黄，肥壮成朵。

058 黄山毛峰是如何制作的

黄山毛峰采摘细嫩的一芽一叶，经以下工序制成：

①萎凋。将茶青放置于阴凉、通风、干净的地方适当摊放。

②杀青。锅炒杀青，破坏鲜叶中酵素酶的活性，制止多酚类化合物的酶促氧化，使叶子变软，增强韧性，便于揉捻，同时挥发低沸点的青臭气，保留高沸点的芳香物质，激发茶香，使茶叶的色、香、味稳定。

④揉捻。破坏叶组织细胞，既要茶汁易泡出，又要耐冲泡；同时把茶叶塑造成干茶应具有的条索外形。

⑤烘干。烘干茶叶，使内含物继续转化，提高内在品质，在揉捻的基础上整理条索，改进茶叶外形。

黄山毛峰

059 黄山毛峰有什么传说故事

相传明朝天启年间，黟县新任县官熊开元到黄山春游迷路，遇到一位老僧，便随老僧借宿于寺院中。老僧泡茶敬客，熊开元见茶色微黄，形似雀舌，身披白毫，开水冲泡下去，热气绕碗边转了一圈后至碗心升腾开来，约有一尺，氤氲如一朵白莲花，慢慢上升化成一团云雾，飘荡开来，清香满室。熊开元得知此茶名叫黄山毛峰，临别时老僧赠茶一包和黄山泉水一葫芦，嘱熊开元一定要用黄山泉水冲泡才能出现白莲奇景。熊知县回县衙后遇友人来访，便表演了一番黄山毛峰的冲泡。友人甚惊，想献仙茶邀功请赏。皇帝令其进宫演示，却未见白莲奇景，于是龙颜大怒。召熊开元进宫后得知是未用黄山泉水冲泡之故，回黄山取水再泡黄山毛峰，再现白莲奇观，皇帝大喜，遂封熊开元为江南巡抚。熊开元暗想，黄山名茶尚且品质清高，何况人呢！于是到黄山云谷寺出家做了和尚，法名正志。如今，在苍松入云、修竹夹道的云谷寺下的路旁，有一檗庵大师墓塔遗址，相传就是正志和尚的坟墓。

060 怎样冲泡黄山毛峰

黄山毛峰可用玻璃杯或瓷壶冲泡。准备好玻璃杯、3克茶叶和100℃的沸水，准备泡茶。

① 温杯，向杯中注入100℃的开水至杯子的1/3处，温杯后倒掉。

② 置茶，取3克茶叶拨至杯中，嗅闻茶香。然后按下投法冲泡黄山毛峰。

③凉水，将沸水凉水（倒入容器中稍稍放凉），至约75℃。

④冲水，冲入75℃的热水至杯的七分满。

⑤泡茶，浸泡时间为2、3分钟，待茶叶吸水徐徐下沉后便可饮用。

先放入茶叶，后注入沸水的置茶法为下投法。

六安瓜片

061 六安瓜片因何得名

六安瓜片产于安徽六安，因茶叶像大瓜子（当地人称“瓜片”），所以茶名为“六安瓜片”。六安瓜片主要产地是金寨、六安、霍山三县，以金寨齐云山所产的六安瓜片品质最佳。

062 六安瓜片也讲究喝明前茶吗

六安瓜片非常独特，品质以谷雨前后采制的为最好，而不像其他绿茶一样讲究喝明前茶。

六安瓜片是用一片片长到“开面”的叶子制成的单片绿茶，原料不似大多数绿茶以嫩为“主旋律”，而是要等待芽头展开，长成一片片翠绿肥实的叶子，待到谷雨（4月20日）前后茶园开园时方可采摘，以对夹二三叶和一芽二三叶为主，形似瓜子形的单片为采摘标准。

063 六安瓜片的特点是什么

以单片嫩叶炒制而成的六安瓜片可谓独具特色，无论采摘时间、干茶外形还是耐泡程度都与众不同。

①干茶：叶缘向背面翻卷，呈瓜子形，自然平展，叶片大小匀整。

②颜色：色泽宝绿。

③汤色：汤色清澈碧绿。

④香气：清香、高爽。

⑤滋味：鲜醇回甘。

⑥叶底：叶底绿嫩明亮。

六安瓜片

六安瓜片茶汤

六安瓜片叶底

太 平 猴 魁

064 太平猴魁因何得名

太平猴魁创制于1900年，原产于安徽省黄山区新明乡猴坑、猴岗、颜家一带，由猴坑茶农王魁成（王老二）在凤凰尖茶园精工细制而成。茶区内最高峰凤凰尖海拔750米，生态环境得天独厚。这里年平均温度14～15℃，年平均降水量1650～2000毫米，土壤多为千枝岩、花岗岩风化而成的乌沙土，土层深厚肥沃，通气透水性好，茶树生长良好，芽肥叶壮，持嫩性强。

因猴坑地名和制作者王魁成，茶被冠名“猴魁”。

太平猴魁

065 太平猴魁的特点是什么

太平猴魁采摘标准极严，杀青、整形的工艺要求也很高，上品猴魁的产量很少。

①形状：“猴魁两头尖，不散不翘不卷边”，外形扁展挺直，壮实，两叶抱一芽，匀齐，毫多不显。

②颜色：干茶的颜色苍绿匀润，部分主脉暗红。

③香气：兰花香，高爽、持久。

④汤色：嫩绿明亮。

⑤滋味：鲜爽醇厚，回味甘甜，有独具的“猴韵”。

⑥叶底：嫩匀肥壮，成朵，嫩黄绿鲜亮。

太平猴魁茶

太平猴魁茶汤

太平猴魁叶底

066 太平猴魁有什么传说

传说古时候，黄山太平县山坑里住着一个老汉，因心地善良，将一只病死的白毛老猴埋葬在山冈上，并在老猴墓旁种了几棵茶树。老猴的孩子白毛小猴原是只神猴，为了报答老汉葬母，送给老汉满山冈的茶树，让老汉省去了翻山越岭采摘茶叶的辛苦。为了纪念神猴，老汉给这片山冈起名叫“猴岗”，把自己住的山坑叫猴坑，把用猴岗茶树采来的鲜叶制成的茶叫“猴茶”。因为猴茶产自太平县，取茶农名中“魁”字，故后来被称为“太平猴魁”。

067 太平猴魁的冲泡有什么特别之处

太平猴魁干茶条索长大，冲泡过程跟其他绿茶大体相同，特别之处是置茶前多了一道“理茶”的程序。

由于猴魁生产环境的特殊性，使鲜叶具有很强的持嫩性，叶片长长后依然具有很高的鲜嫩度，故优质的太平猴魁有长长的条索，成品茶5～7厘米、甚至更长。泡茶前，需要把茶叶叶尖、叶柄理顺，叶柄向下放入茶杯，观赏苍翠茶叶上主脉暗红如丝线，再继续泡茶。

理顺茶条

信阳毛尖

068 信阳毛尖的产地在哪里

信阳毛尖产于河南省大别山区的信阳县，茶园分布在车云山、集云山、云雾山、震雷山和豫南第一泉"黑龙潭"一带的群山峡谷之间，群山、溪流、云雾，孕育了肥壮柔嫩的信阳毛尖。

069 信阳毛尖的特点是什么

①形状：外形条索紧细、圆、光、直，白毫显露，有锋苗。

②颜色：色泽隐绿，油润光滑。

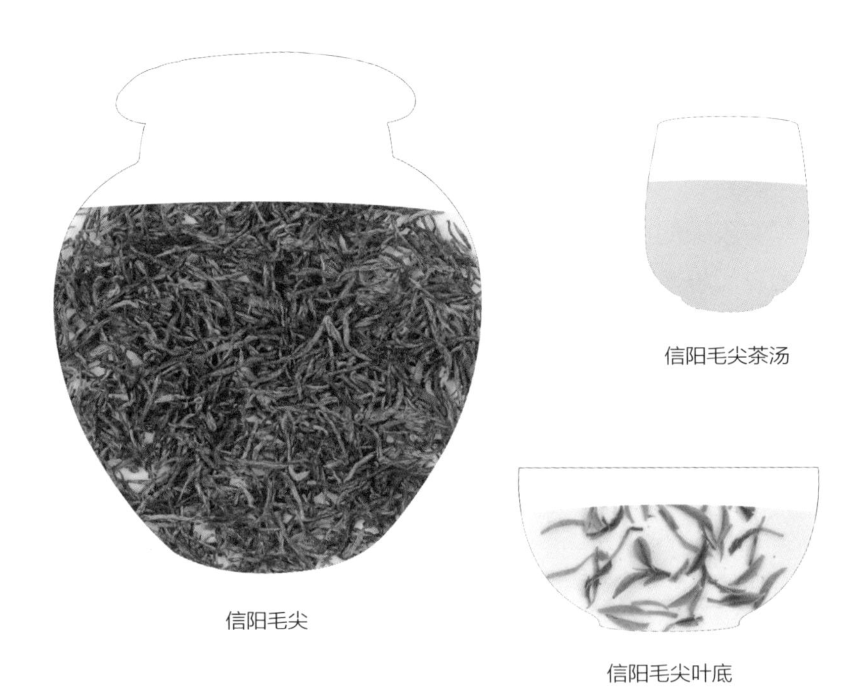

信阳毛尖茶汤

信阳毛尖

信阳毛尖叶底

③香气：香气高鲜，有熟板栗香。

④汤色：嫩绿。

⑤滋味：鲜醇。

⑥叶底：嫩绿匀整。

庐山云雾

070 庐山云雾因何得名

庐山云雾茶是中国传统名茶，采制于江西省九江市的庐山，是中国名茶之一。

庐山云雾茶的主要茶区在海拔800米以上的含鄱口、五老峰、汉阳峰、小天池、仙人洞等地，由于水气蒸腾，常年云雾茫茫。这里升温比较迟缓，茶树萌发多在谷雨后（4月下旬至5月初），萌芽期正值雾日最多之时，因此造就了云雾茶的独特品质，庐山云雾茶因此得名。云雾茶比其他茶采摘时间晚，一般在谷雨后至立夏之间方开始采摘。

庐山云雾茶的茶树最早是野生茶，相传东晋时东林寺名僧慧远（334—416年）将野生茶改造为人工栽培茶树。庐山茶宋代被列为“贡茶”。

071 庐山云雾的特点是什么

①形状：芽肥绿润多毫，条索紧实挺秀。

②颜色：绿润显毫。

③香气：清鲜浓郁，香气鲜爽、持久，带有兰香。

④汤色：清澈明亮，青绿带黄或淡绿色。

⑤滋味：醇厚、甘甜。

⑥叶底：嫩绿匀齐。

072 庐山云雾有什么传说故事

传说孙悟空在花果山当猴王的时候，有一天忽然想尝尝玉皇大帝和王母娘娘的仙茶，于是驾着祥云飞上了天，见九洲南国一片碧绿的茶园，茶树已结籽。孙悟空想采一些茶籽，种到自己的花果山，却不知道怎么采。正在抓耳挠腮之际，天边飞来一群鸟，见悟空着急，问明原因，就展开双翅，来到南国茶园，衔了茶籽往花果山飞去。飞过庐山上空时，云雾缭绕的庐山胜景吸引了它们，鸟儿们竟情不自禁地唱起歌来，一开口，茶籽便从它们嘴里掉落，落入庐山群峰岩隙之中。此后，云雾缭绕的庐山便长出一棵棵茶树，出产清香袭人的云雾茶。

乌龙茶

073 乌龙茶和青茶是一种茶吗

青茶又名乌龙茶，是半发酵茶。乌龙茶因茶树品种、产地生态、工艺的特异性而形成不同风味，香气滋味的差异十分显著。

074 什么叫“开面采”

茶芽长成叶片，完全展开，呈开面状态时，采摘2～4叶，俗称“开面采”。

开面采常用于乌龙茶和黑茶鲜叶的采摘，需要叶片基本成熟，内含物质丰富，以使成茶具有特殊的香气、滋味。

“开面采”的乌龙茶叶底

075 什么时节采制的乌龙茶较好

除低山丘陵茶区外，不少乌龙茶产区都是四季采制乌龙茶，一般春茶在谷雨（4月19日）前后采摘；夏茶在夏至（6月21日）前后采摘；暑茶在立秋（8月7日）前后采摘；冬茶在霜降（10月23日）后采摘。一般各季茶的间隔期为40～45天。

各季采制的乌龙茶品质不同，春茶香、味均佳，品质最好；冬茶其次；夏、暑茶较差。

076 乌龙茶是怎么制成的

乌龙茶的采摘标准是一芽两叶或一芽三叶。乌龙茶的制作工艺为：

①萎凋。茶青必须在阳光下进行晒青才能形成乌龙茶特有的香气，通过太阳晒，将茶叶中的青草气挥发掉，清香气散发出来。

②做青（发酵）。通过做青使茶发生变化，产生所需要的香气、滋味。

③杀青。用高温阻断茶叶继续氧化，使茶叶的色、香、味稳定。

④揉捻。揉捻至干茶所需的形状，如球形或半球形乌龙茶需加布包揉。

⑤干燥。

⑥精制。筛分，去除茶中的梗和碎末。

⑦包装。

乌龙茶兼有红茶和绿茶的品质特征，发酵程度较轻的更接近绿茶的香气、滋味和汤色，发酵程度越重越接近红茶的品质特征。

077 制作乌龙茶的重要工艺是什么

制作乌龙茶的重要工艺是“做青”。做青是摇青、晾青交替进行，直至达到品质要求的工艺过程。在做青中，茶叶产生以下变化：

①色变。摇青中茶叶之间相互摩擦，摩擦最严重的叶缘慢慢变红，乌龙茶底叶的“绿叶红镶边”由此而来。叶片上也会局部变色。

②香变。香气的变化与颜色的转变是同时发生的。茶很轻微地发酵会有菜香；茶轻发酵转化成花香；中度发酵转化成果香；重度发酵转化成糖香。

茶叶散发菜香的阶段，茶叶是绿色；茶叶散发花香的阶段，茶叶是金黄色；茶叶散发果香的阶段，茶叶呈橘黄色；茶叶散发糖香的阶段，茶叶呈朱红色。

③味变。茶发酵越轻越接近植物本身的味道；发酵越重越失去茶鲜叶的原本的特征，而发酵过程中产生的味道越重。

078 乌龙茶干茶、茶汤是什么颜色

乌龙茶由于发酵程度不同，茶鲜叶中的叶绿素转化程度不同，因而呈现的干茶、茶汤颜色不同；另外，由于焙火程度的不同，茶叶颜色也不同。

乌龙茶干茶、茶汤呈现出多样的色彩，大致可分为以下几种颜色：

①干茶呈绿色、砂绿或墨绿色等；茶汤为淡黄色、黄色。

②干茶呈金色；茶汤金黄色。

③干茶呈褐色或红褐色，有的乌润；茶汤为橙红色。

铁观音

文山包种

漳平水仙

大红袍

凤凰单枞

冻顶乌龙

白毫乌龙

白鸡冠

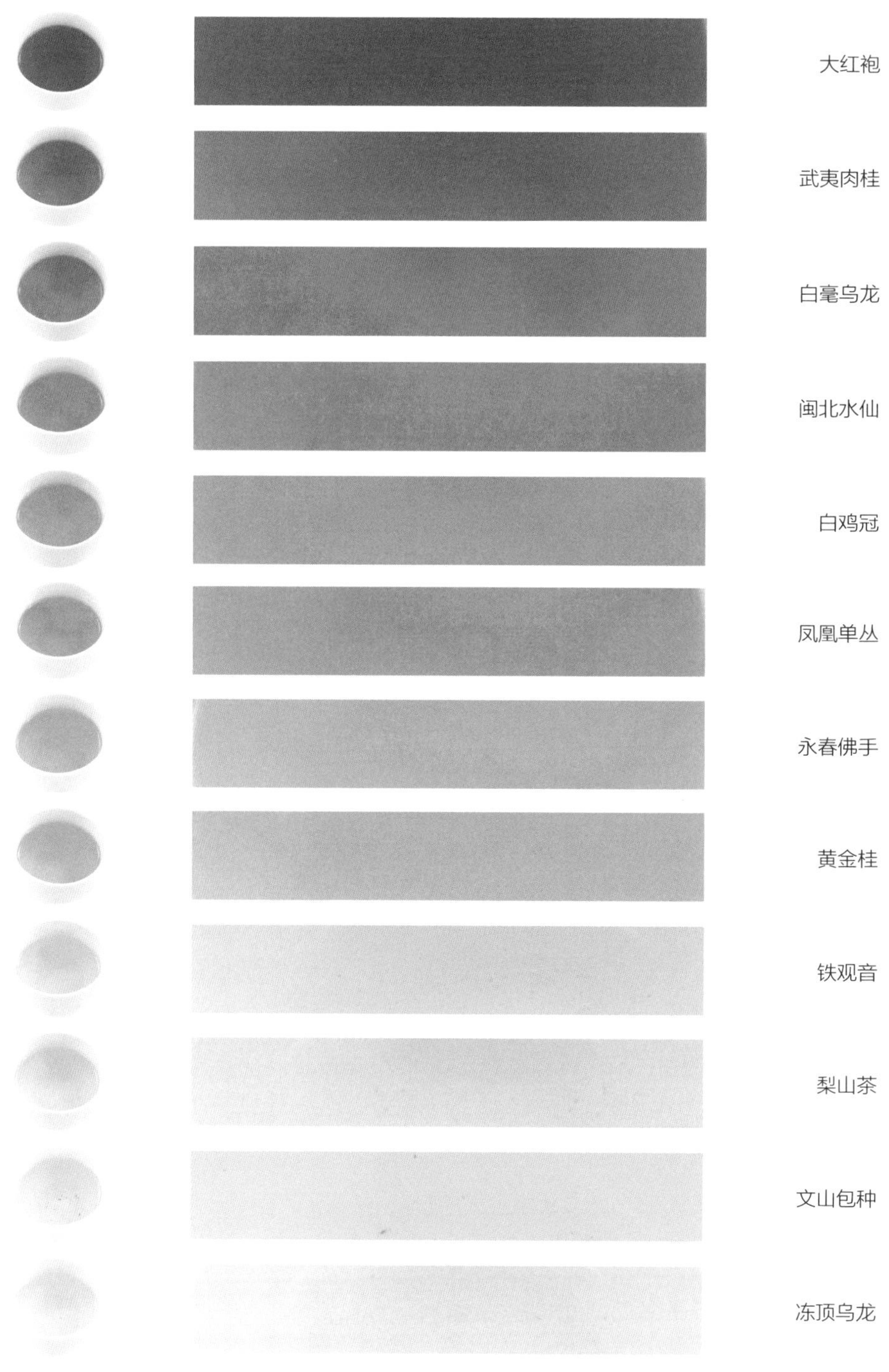

乌龙茶汤色

079 乌龙茶能存放多久

发酵程度较轻的乌龙茶存放时间与绿茶相似，中度、重度发酵的乌龙茶可存放稍长时间，岩茶讲究先存放一年退退火气再喝，有些乌龙茶可以久存成老茶饮用。

乌龙茶存放需注意存放条件。

① 放在干燥、避光、没有异味的地方。用铝箔袋包装的可以略微降低存放环境要求。

② 选择没有异味的瓷罐、铁罐、铝箔袋抽真空等，尽量装满，加盖密封后置于冰箱内冷藏。乌龙茶应密封存放。

③ 乌龙茶不要放在有香皂、樟脑丸、调味品的柜子里，以免吸收异味。

乌龙茶如果返青，可以用炭火或烤箱焙一下。如果乌龙茶储存不当而发生霉变就不能饮用了。

080 同种乌龙茶，优质和劣质的各有什么特征

优质乌龙茶的特征：

① 外形：壮结重实、肥壮，条索紧结，带扭曲条形或成半圆、圆形颗粒。

② 色泽：色泽砂绿乌润、青绿油润或褐绿油润。

③ 香气：有花果香，香气高而持久。

④ 汤色：汤色橙黄或金黄，清澈明亮。

⑤ 滋味：茶汤醇厚、鲜爽、灵活，持久，口齿留香。

⑥ 叶底：绿叶红镶边，即叶脉和叶缘部分呈红色，其余部分呈绿色，绿处翠绿稍带黄，红处明亮。

劣质乌龙茶的特征：

① 外形：条索粗松、轻飘。

② 色泽：呈乌褐色、褐色、赤色、铁色、枯红色，无光泽和油润。

③ 香气：有烟味、焦味或青草味及其他异味。

④ 汤色：汤色泛青、红暗、带浊。

⑤ 滋味：茶汤淡薄，甚至有苦涩味。

⑥ 叶底：绿处呈暗绿色，红处呈暗红色。

081 乌龙茶有哪几个重要产区

乌龙茶产地分布于福建、广东和台湾三省，按产茶区域分为福建乌龙茶（闽北乌龙、闽南乌龙）、广东乌龙茶、台湾乌龙茶。福建是乌龙茶的故乡。

各乌龙茶产区的名茶为：

① 闽北乌龙茶：武夷岩茶、水仙、大红袍、肉桂等。

② 闽南乌龙茶：铁观音、黄金桂、奇兰、水仙等。

③ 广东乌龙茶：凤凰单枞、凤凰水仙、岭头单枞等。

④ 台湾乌龙茶：冻顶乌龙、包种、东方美人（又名白毫乌龙、膨风茶）等。

082 乌龙茶品评干茶评定的术语，常用的有哪些

干茶外形：

① 蜻蜓头：茶条叶端卷曲，紧结沉重，状如蜻蜓头。

② 壮结：肥壮紧结。

③ 扭曲：茶条扭曲，折皱重叠。

④ 细条：茶叶细嫩，成条索状。

干茶色泽：

① 砂绿：似蛙皮绿而有光泽。

② 枯燥：干燥无光泽，按叶色深浅程度不同有乌燥、褐燥之分。

083 乌龙茶品评茶汤色评定的术语，常用的有哪些

①金黄：以黄为主，带有橙色，有深浅之分。

②清黄：茶汤黄而清澈。

③红色：色红，有深浅之分。

084 乌龙茶品评香气评定的术语，常用的有哪些

①岩韵：武夷岩茶具有的岩骨花香的韵味特征。

②音韵：铁观音特有的香味特征。

③浓郁：浓而持久的特殊花果香。

④闷火：乌龙茶烘焙后，未适当摊凉而形成一种令人不快的火气。

⑤猛火：焙火温度过高或过急所产生的不良火气。

⑥山韵：潮州凤凰单枞特有的韵味称为山韵。

085 乌龙茶品评滋味评定的术语，常用的有哪些

①清醇：茶汤味新鲜，入口爽适。

②甘鲜：鲜洁有甜感。

③粗浓：味粗而浓。

086 乌龙茶品评叶底评定的术语，常用的有哪些

①肥亮：叶肉肥厚，叶色透明发亮。

②软亮：叶质柔软，叶色透明发亮。

③红边：青适度，绿叶有红边或红点。红色明亮鲜艳。

④暗红：叶张发红，夹杂暗红叶片。

⑤硬挺：叶质老，按压后叶张很快恢复原状。

铁观音

087 铁观音茶因何得名

铁观音产于福建安溪，是乌龙茶的名品。

安溪最著名的三个茶产区为：西坪、祥华、感德。三地所产铁观音茶各有特色，西坪是安溪铁观音的发源地，所制茶叶采用纯粹传统制法；祥华茶久负盛名，产区多山高雾浓，茶叶制法传统，回甘强；感德茶又被称为“改革茶”“市场路线茶”，近年来颇受欢迎。

关于铁观音还有一个传说故事，相传安溪县松林头有个茶农，勤于种茶，又信佛。每天在观音佛前敬奉一杯清茶，几十年如一日。有一天他上山砍柴，在岩石隙间发现一株茶树，枝壮叶茂，芳香诱人，跟自己所见过的茶树不同，就挖回来精心加以培育，并采摘试制茶叶，做成的茶叶沉重如铁，香味极佳。这位茶农认为是观音所赐，就给茶起名为铁观音。

088 铁观音茶的特点是什么

铁观音茶具有明显的花香，近似兰花香，香气清纯、持久、高锐，生津解渴，提神醒脑，滋味特别甘醇。

①形状：为半球形呈螺旋状，身骨重。

②颜色：色泽砂绿，叶表带白霜。

③汤色：金黄、浓艳似琥珀，

④香气：香高而持久。有天然馥郁的兰花香、甜香。

⑤滋味：醇厚甘鲜，回甘悠久，俗称有“音韵”。

⑥叶底：柔亮，具有绸面光泽。

089 如何理解铁观音茶的“观音韵”

韵味是指入口及入喉的感觉，味道的甘甜度、入喉的润滑度、回味的香甜度等。优质铁观音有兰花香，回味香甜，入口滑细，品饮三四道茶之后，两腮会分泌大量唾液，闭上嘴后用鼻出气可以感觉到兰花之香。

铁观音

铁观音叶底

铁观音茶汤

090 冲泡铁观音茶应注意什么

安溪铁观音茶区习惯用盖碗冲泡铁观音。盖碗泡茶出汤迅速，可使香气凝集。使用盖碗时用大拇指和中指提盖碗的两侧，食指摁住盖纽。盖碗和盖身要留一点缝隙。冲泡铁观音的要点是：

① 水要烧至沸腾，水温100℃为宜。

② 茶叶用量，以放置盖碗容量的1/3为宜。

③ 出汤至公道杯中，以便分茶品饮。

④ 一杯茶分三口喝，细细体味茶的美。

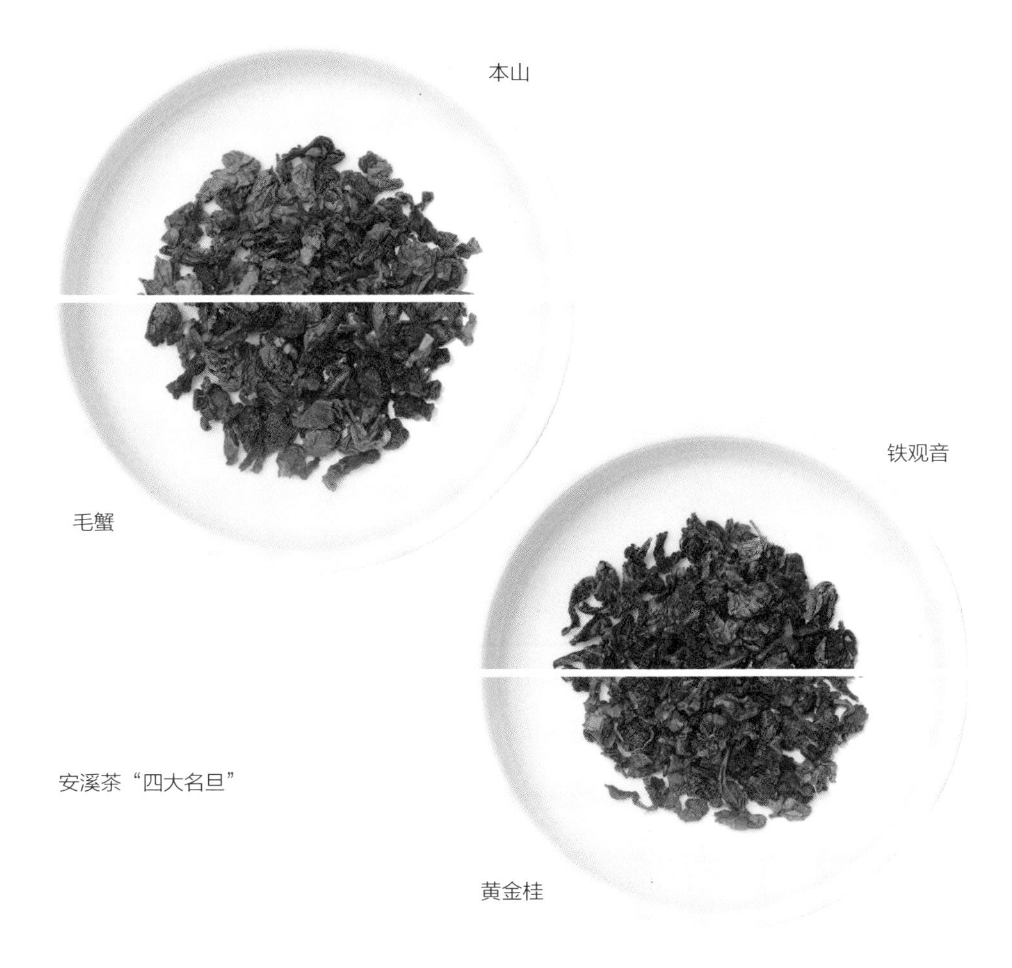

安溪茶“四大名旦”

岩 茶

091 何为武夷岩茶

武夷岩茶是产于武夷山的半发酵茶。

武夷山坐落在福建省东北部，属典型的丹霞地貌。武夷山群峰相连，峡谷纵横，九曲溪萦回其间，气候温和，冬暖夏凉，雨量充沛。武夷山多悬崖绝壁，茶园非常奇特，茶树长在悬崖绝壁上。茶农利用岩凹、石隙、石缝，沿边砌筑石岸种茶，构筑“盆栽式”茶园，俗称“石座作法”。武夷山“岩岩有茶，非岩不茶”，武夷岩茶因而得名。

目前岩茶市场上最大宗的品种为水仙和肉桂。

092 武夷山的“三坑两涧”指的是哪里

武夷岩茶的著名产地是武夷山的三坑（慧苑坑、牛栏坑、大坑）、二涧（流香涧、悟源涧），三百余年来一直是优质岩茶的产地。由于茶园所处位置不同，传统上有正岩茶、半岩茶、洲茶。正岩茶指武夷岩中心地带所产的茶叶，其品质香高味醇厚，岩韵特显。半岩茶指武夷山边缘地带所产的茶叶，其岩韵略逊于正岩茶。洲茶泛指崇溪、九曲溪等溪边两岸所产的茶叶，品质又低一筹。

093 什么是岩茶的“岩韵”

岩茶首重“岩韵”。简单地说，岩韵就是武夷岩茶所具有的“岩骨花香”的韵味特征。“岩骨花香”中的“岩骨”可以理解为岩石味，是岩茶特别的醇厚浓郁与长久不衰的回味，当地人认为，岩韵是茶汤留在咽喉的岩石味、青苔味。“花香”是岩茶沉稳、浓郁的茶香。岩韵为岩茶所特有，是武夷山山区茶叶的特质和岩茶传统工艺的塑造的结果，二者缺一不可。

094 岩茶中四大名枞是什么

采自名岩上的菜茶（武夷山当地茶树品种）制成的岩茶叫做“正岩奇种”（或称奇种），奇种中又有名枞奇种（简称名枞）和单枞奇种（简称单枞），名枞是从各名岩茶树品种中精选的特优品质茶树，是岩茶中品质最佳者，四大名枞为大红袍、白鸡冠、铁罗汉、水金龟。名枞与单枞都单独采制。

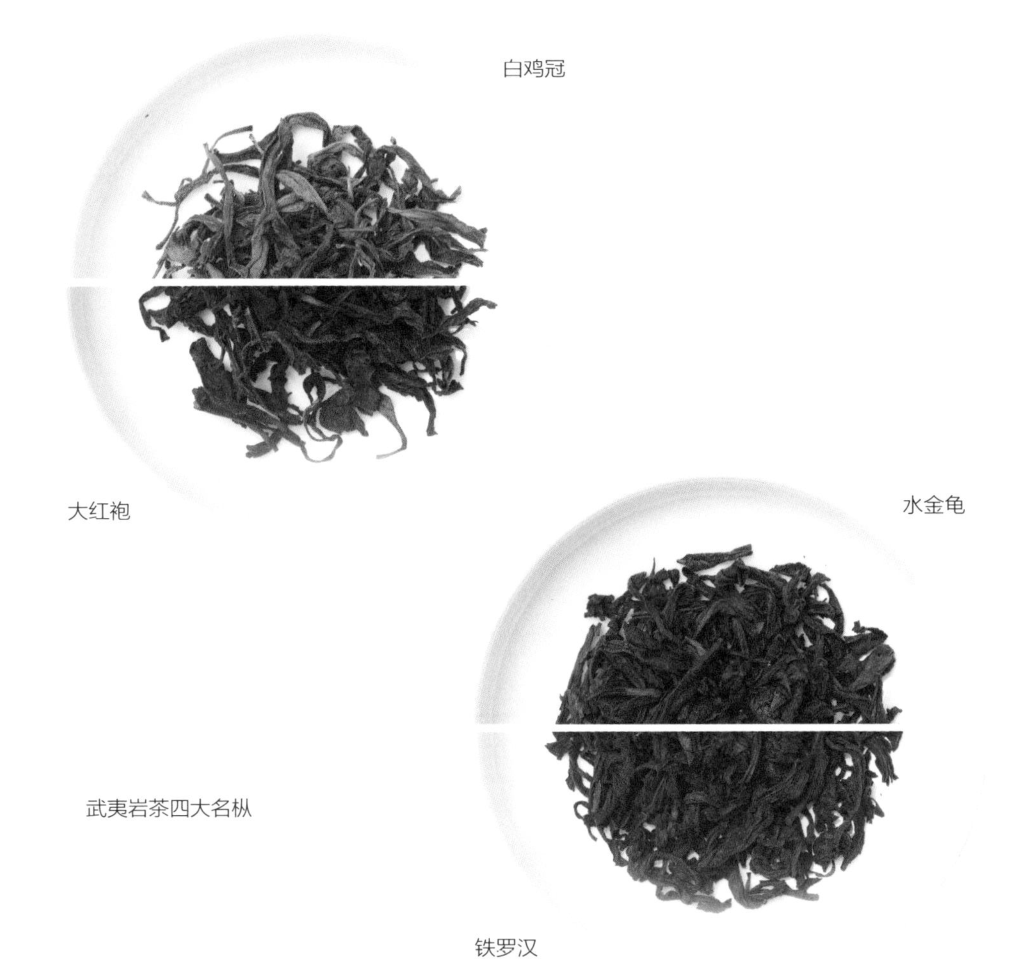

武夷岩茶四大名枞

095 武夷岩茶加工工艺的特点是什么

武夷岩茶一般于4月中旬至5月中旬采摘，采摘有严格要求，雨天不采、露水不干不采，不同品种、不同岩别、山阳山阴及干湿不同的茶青不得混放。

岩茶的手工做青一般要14到18小时，在摇青、晾青交替进行中逐渐形成岩茶的特殊岩韵。做青中，茶叶手感由硬变柔，含水量由多变少，叶面色泽由绿转为黄亮，叶缘由绿渐转红，茶叶味道由强烈的青臭气转为茶的清香。

岩茶最后的烘焙，是岩茶的香气、滋味得以提升的重要工艺。通过低温久焙，在焙茶的过程中凭制茶人的感官判断不停调整，控制焙茶的温度，以达到所需要的品质。

大 红 袍

096 什么是大红袍的母树和无性繁育大红袍

大红袍母树，是指武夷山天心岩九龙窠石壁上树龄已有三百五十多年的六棵茶树。为了保护古茶树，2006年起六株大红袍母树已实行停采留养，武夷山有关部门对其进行科学管理和培育。

用大红袍母树的枝条扦插，繁育种植的大红袍为无性繁育大红袍，其鲜叶为制作大红袍的原料。“一代大红袍”“二代大红袍”均指无性繁育大红袍。

097 大红袍的特点是什么

大红袍岩韵明显，浓醇顺滑，香高持久，很耐冲泡。其冲泡方法与铁观音类似，宜使用盖碗或容积较小的紫砂壶，冲泡九次仍有原茶真味。

①形状：条形，条索紧结、壮实、匀整。

②色泽：色泽青褐润亮。

③汤色：金黄明亮。

④香气：馥郁，有兰花香或桂花香，香高而持久，

⑤滋味：醇厚，甘醇，岩韵明显。

⑥叶底："绿叶红镶边"，呈三分红七分绿的特点。叶面有蛙皮状突起，俗称"蛤蟆背"。

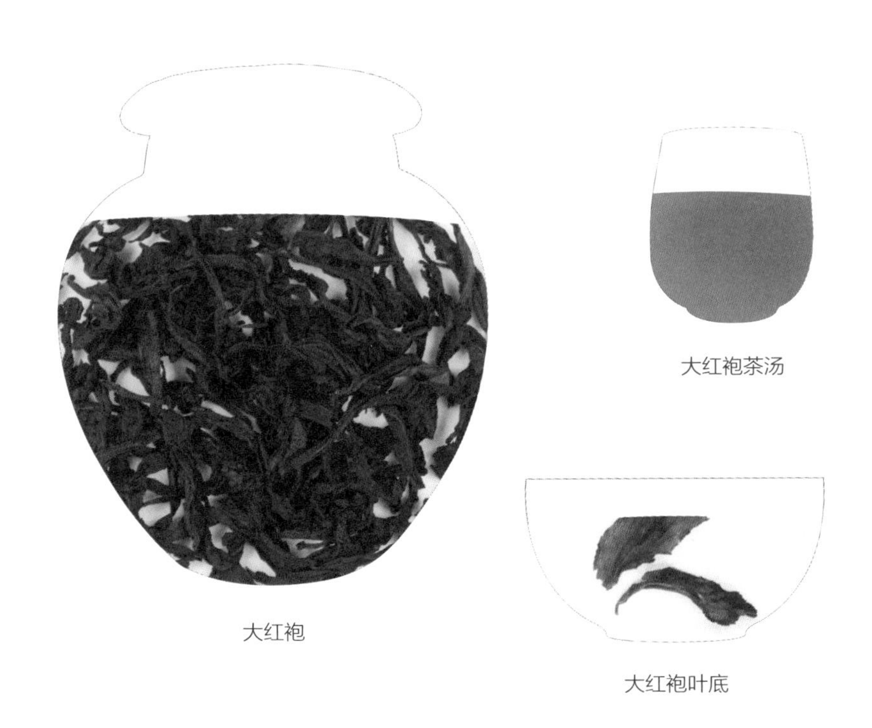

大红袍茶汤

大红袍

大红袍叶底

098 大红袍是需要放一放再喝吗

品质好、身骨结实的大红袍一般都经多次焙火，刚加工好的茶叶喝起来会感觉有一点刺激，俗称“有火气”，所以有一种说法，加工好的大红袍放一年，“退退火”再喝，茶汤会更加顺滑，而馥郁的香气、醇厚的滋味并不会因此而减退，岩韵依然鲜明，幽香浓郁。

099 大红袍因何而得名

有关大红袍的传说，流传较广的一种是：相传明代有一赶考的书生，路过九龙窠时突然染病，借宿于一寺庙中。庙中的和尚取出茶叶，煮茶给书生饮用，书生饮茶后很快康复，继续赶路，顺利参加考试并考中状元。书生回乡，特意到庙中感谢和尚的救命之恩，并请老和尚领自己到九龙窠岩壁上，解下身上的红袍，披在救命茶生长的茶树上。岩茶“大红袍”因此得名。

大红袍母树

凤 凰 单 枞

100 凤凰单枞茶因何得名

凤凰单枞产自广东潮州凤凰镇乌岽山，凤凰镇位于国家历史文化名城潮州之北的凤凰山，茶园位于海拔400米到2000米的山上。凤凰单枞因产地凤凰山而得名。

关于凤凰单枞的茶名，还有一个传说。相传，凤凰山是畲族的发祥地。隋、唐、宋时期，凡有畲族居住的地方，就有茶树的种植，畲族与茶树可谓共同繁衍。

隋朝年间，一些茶树随着部分畲族人向东迁徙，被带到福建等地种植。到宋代，凤凰山民发现了叶尖似鹤嘴的红茵茶树，烹制后饮用，发现味道很好，便开始种植。南宋末年，南宋最后一个皇帝赵昺被元兵追赶，南逃至潮州，民间有“凤凰鸟闻知宋帝等人口渴，口衔茶枝赐茶”的传说，故后人称红茵茶为宋茶，又叫“鸟嘴茶”。鸟嘴茶就是凤凰单枞的前身。

101 凤凰单枞茶的品质特征有哪些

凤凰单枞为条形乌龙茶，以香气高锐持久、花果香型丰富而著称。

①形状：茶条挺直肥大，稍弯曲。

②颜色：油亮有光泽，呈黄褐色或青褐色。

③汤色：澄黄清澈。

④香气：具有天然花香、果味，香高而持久。香气类型丰富。

⑤滋味：味醇爽口回甘，口齿生津。

⑥叶底：叶底肥厚柔软，边缘朱红，叶面黄而明亮。

102 凤凰单枞主要有哪些基础香型

凤凰单枞的基础香型有：黄枝香、蜜兰香、肉桂、玉兰香、夜来香、芝兰香、姜花香、桂花香、杏仁香、柚花香等。

凤凰单枞

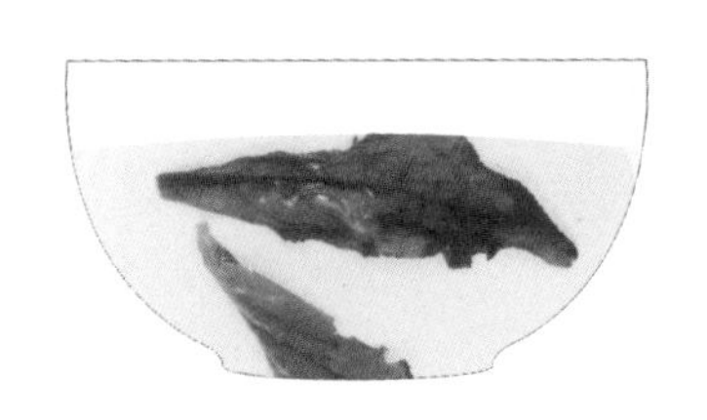

凤凰单枞茶汤

凤凰单枞叶底

103 冲泡潮汕工夫茶时的“潮汕四宝”是什么

潮州工夫茶具虽多，但茶人们却认为“潮汕四宝”是工夫茶必具：

①孟臣罐。小紫砂陶壶，孟臣是明代制壶名匠惠孟臣，他最早制壶于明代天启年间，最初壶底刻有“大明天启丁卯荆溪惠孟臣制”字样。孟臣善制小壶，最适合用来冲泡浓香的凤凰单枞。现在孟臣壶几乎成为小容量紫砂壶的通称。

②若琛瓯。若琛瓯即品茗杯，为白瓷翻口小杯，杯小而浅，容量约10～20毫升。相传为清代江西景德镇瓷的名匠若琛所制，杯底书有“若琛珍藏”，现在有些小瓷杯也用若琛款。

③玉书碨。烧开水的陶壶，为扁形壶，容水量并不大，材质为潮州红泥。

④潮汕炉。红泥小火炉，有高有矮，炉心深而小，火力足而均匀，炉有盖有门，通风性能好，有的炉门两侧刻有茶联。

潮汕工夫茶茶具

冻顶乌龙

104 冻顶乌龙茶产自何处

冻顶乌龙茶产自台湾省南投鹿谷乡凤凰山支脉冻顶山，茶园位于海拔700米的高岗上，这里年均气温22℃，冬季温暖，年降水量2200毫米，湿度较大，终年云雾笼罩，茶园为棕色高黏性土壤，排、储水条件良好。

冻顶乌龙茶是台湾名茶之一，可四季采制，每年3月中旬到5月采制春茶，5月下旬到8月中旬采制夏茶，8月中旬到10月下旬采制秋茶，10月下旬到11月中旬采制冬茶。四季茶中以春茶、秋茶及早期冬茶品质较佳。

105 冻顶乌龙茶焙火重吗

冻顶乌龙茶的发酵度约为30%，传统冻顶乌龙茶带明显焙火味，近年来市场上的冻顶乌龙多为轻焙火茶。冻顶乌龙茶中也有“陈年炭焙茶”，需要每年拿出来焙火，茶汤甘醇，后韵十足。

106 冻顶乌龙茶的特点是什么

①形状：外形卷曲呈球形，条索紧结重实。

②颜色：色泽墨绿，油润。

③汤色：黄绿明亮。

④香气：清鲜高爽，如桂花香。

⑤滋味：甘醇浓厚，回甘生津好。

⑥叶底：枝叶嫩软，色黄油亮，韧性好。

冻顶乌龙

冻顶乌龙茶汤

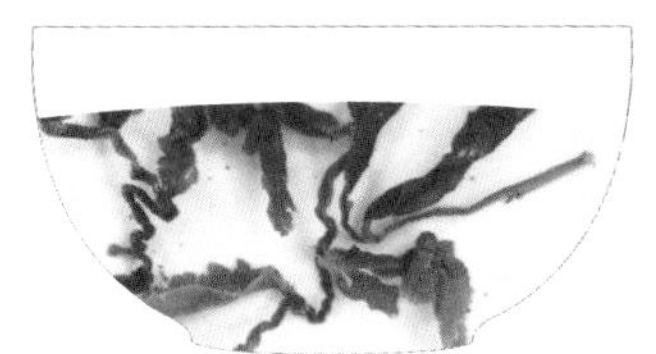

冻顶乌龙叶底

107 冲泡冻顶乌龙茶应注意什么

冻顶乌龙茶为颗粒形茶，冲泡方法与铁观音类似。冲泡时应注意：

① 冻顶乌龙干茶紧结，泡开后体积胀大，茶叶投入量为茶壶容量之1/4～1/3，喜欢淡茶的只要干茶颗粒铺满壶底即可。

② 泡茶水温度以95～100℃为宜。

③ 泡茶时间，前两泡短，第三泡起逐次延长一点泡茶时间。

白毫乌龙

108 白毫乌龙茶有什么特别之处

白毫乌龙是半发酵茶中发酵程度最重的茶，因茶芽白毫显著，故名。白毫乌龙又叫东方美人、膨风茶，又因茶香似香槟，故别名“香槟乌龙茶”。白毫乌龙产自台湾省新竹、苗栗一带，是著名茶种。

白毫乌龙在乌龙茶中可谓独具特色，鲜叶必须经小绿叶蝉叮咬吸食，使嫩叶无法进行正常的光合作用，叶片变小，加之小绿叶蝉的唾液与茶叶酵素混合出特别的香气，经发酵后，茶叶散发出醇厚的果香蜜味，干茶红、黄、褐、白、青色相间，茶芽白毫显著，具有熟果香或蜂蜜香。

109 白毫乌龙茶的特点是什么

①形状：条索紧结，稍弯曲，成条形。

②颜色：干茶白毫显露，白、青、黄、红、褐五色相间。

③汤色：红橙金黄，明亮如琥珀。

④香气：有浓浓的果香或蜂蜜香。

⑤滋味：甘润香醇，天然滑润，风味独特。

白毫乌龙

白毫乌龙叶底

白毫乌龙茶汤

红茶

110 红茶的发源地在哪里

中国作为茶叶的原产国，是红茶的发祥地。中国武夷山市的桐木关是世界红茶的发源地，产自武夷山市桐木关的正山小种红茶是世界红茶之鼻祖。

正山小种红茶迄今已有约400年的历史。它大约产生于中国明朝后期。

111 红茶的共同特点是什么

红茶属全发酵茶，红茶（干）、红汤、红叶（叶底）是红茶的共同特点。

加工过程中，鲜叶发生很大变化，茶多酚90%以上被氧化，茶黄素、茶红素的产生使茶叶红变，香气物质从鲜叶中的五十多种，增至三百多种，咖啡因、儿茶素和茶黄素络合成滋味鲜美的络合物，从而形成了红茶、红汤、红叶和香甜味醇的品质特征。

112 红茶的制作工艺是什么

①萎凋。让茶青消失一部分水分，增加茶的韧性。

②揉捻。将茶叶中的叶细胞揉碎，有利于茶汁的渗出，香气的散发，改变茶叶的形状。红茶一般是揉捻成条状。

③发酵（渥红）。让茶叶充分和空气中的氧接触，产生氧化反应，形成红茶、红汤、红叶底的特质。

④干燥。将发酵好的茶高温烘焙，迅速蒸发水分，固定茶叶外形、使含水率达到标准要求的过程。

以上是工夫红茶的制作工艺，如制作小种红茶，则工艺为：萎凋→揉捻→发酵→过红锅→复揉→烟焙，增加了烟培工艺，使茶具有松烟香。

113 我国的红茶主要有哪些品种

中国是红茶的发源地，最早的红茶产生于福建省武夷山桐木关。中国红茶大致分三类：小种红茶、工夫红茶、红碎茶。

114 小种红茶的特点是什么

小种红茶产于我国福建武夷山区。由于小种红茶的茶叶在加工过程中采用松柴进行烟焙，所以制成的茶叶带有浓烈的松烟香。因产地和品质的不同，小种红茶又有正山小种和外山小种之分。正山小种如正山小种、金骏眉、银骏眉；外山小种如政和工夫、坦洋工夫、白琳工夫等。

小种红茶的特征为：

①形状：条形，条索肥壮、重实。

②颜色：色泽乌润、有光泽。

③汤色：红而浓艳。

④香气：香气高长，有松烟香。

⑤滋味：醇厚，带桂圆味。

⑥叶底：厚实，呈古铜色。

115 工夫红茶的特点是什么

因采制地区茶树品种、制作工艺的不同，工夫红茶分为：祁红、滇红、宁红、川红、闽红、胡红、越红等。其中祁红是国际三大知名红茶之一。

工夫红茶的特征为：

①形状：条索细紧，成条状。

②颜色：色泽乌润，原料细嫩的工夫红茶呈金黄色，多毫。

③汤色：红艳明亮。

④香气：香气馥郁，甜浓，有花果香或熟果香。

⑤滋味：滋味甜醇。

⑥叶底：黄褐明亮。

116 红碎茶的特点是什么

红碎茶是国际茶叶市场的大宗茶品。在红茶加工过程中，将条形茶切成碎茶，故名红碎茶，也叫C.T.C红茶。红碎茶的特点是：

①形状：颗粒紧结、重实。

②颜色；色泽乌黑、油润。

③汤色：红浓、明亮。

④香气：蜜糖香浓郁。

⑤滋味：浓醇。

⑥叶底：红匀。

红碎茶

工夫红茶（祁门红茶）

小种红茶（正山小种）

三种红茶条形

117 红茶中有哪些香气类型

①毫香型：有白毫的单芽或一芽一叶制作的红茶白毫显露，冲泡时有典型毫香。

②清香型：香气清纯、柔和持久，令人愉快，是嫩采现制的红茶所具有香气。

③嫩香型：香高而细腻，清鲜悦鼻，有似玉米的香气，鲜叶原料细嫩柔软、制作工艺良好的名优红茶有此香气。

④果香型：类似各种水果香气，如桂圆香、苹果香。

⑤甜香型：清甜香、甜花香、枣香、桂圆干香、蜜糖香等，鲜叶嫩度适中的功夫红茶有此类香气。

⑥火香型：米糕香、高火香、老火香和锅巴香，鲜叶较老，含梗较多，干燥时火工高足的红茶含有此类香气。

⑦松烟香：干燥工序用松、柏或枫球、黄藤等熏制的茶带有此种香气，如小种红茶。

118 红茶干茶的专业审评术语，常用的有哪些

①细嫩：芽叶细小柔嫩。多见于小叶种高档春季产的工夫红茶，如特级祁门红茶。

②细紧：条索细，紧卷完整。用于上档条红茶。

③细长：细紧匀齐，形态秀丽。多用于高档条红茶，如祁门红茶。

④乌黑：深黑色。用于描述嫩度良好的中小叶种红茶的干茶色泽。

⑤乌润：深黑而富有光泽。多见于嫩度好的中小叶种高档红茶。

⑥枯棕：干茶呈暗无光泽的棕褐色。多用于粗老的红碎茶。

⑦棕褐：色泽暗红。多用于大叶种茶。

⑧肥嫩：芽叶肥壮。常用于滇红工夫。

⑨匀称：大小一致，不含梗、杂。

⑩露梗：工夫红茶中带梗子。

⑪短碎：工夫红茶的碎片、梗朴。

⑫粗老：老茶。

⑬粗壮：重实。嫩度中等的工夫红茶。

⑭毛糙：粗老。大多是筋皮毛衣或未经精制的红毛茶。

⑮松散：揉捻不紧的条红茶。

⑯松泡：粗松轻飘的条红茶。

⑰红筋：红茶的筋皮叶脉。

⑱金毫：高档茶中的毫尖茶。多见于滇红。

⑲毫尖：红碎茶中被轧切后呈米粒毫茶。多见于大叶种制成的红碎茶。

⑳雄壮：粗壮的金毫。多用于高档滇红。

㉑老嫩混杂：嫩茶、老茶不分清。

㉒花杂：大小不匀，正茶中含老片及梗、杂。

㉓颗粒：小而圆的颗粒茶。常用于上档C.T.C茶。

㉔身骨：指茶叶质地的轻重。常用于工夫红茶的精茶。

㉕净度：指精茶形态的整齐程度，也指精茶中有否含茶或非茶物质夹杂物。

㉖夹杂物：茶叶中含有非茶杂物。

119 红茶汤色的专业审评术语，常用的有哪些

①红艳：汤色鲜艳、红亮透明，碗沿呈金圈。

②红亮：汤色红而透明。

③玫瑰红：茶汤红似玫瑰花。

④金黄：有黄金般的光泽。

⑤粉红：红白相混。

⑥姜黄：红茶茶汤中加入牛奶后呈现的一种淡黄色。

⑦冷后浑：红茶茶汤冷却后形成的棕色乳浊状凝体。

⑧乳白：加入牛奶后，红茶茶汤呈乳白色。

⑨棕黄：汤色浅棕带黄。

⑩红褐：汤色褐中泛红。

⑪浅薄：汤色浅淡，茶汤中水溶性物质含量较少，浓度低。

⑫暗红：颜色红而深暗。

120 红茶香气的专业审评术语，常用的有哪些

①秋香：某些地区秋季生产的红碎茶具有独特的香气，为一种季节香。

②香荚兰香：从香荚兰豆中提取或化学合成的香荚兰素所具有的特殊的香气。

③季节香：在某一时间生产的茶叶具有的特殊香气。

④地域香：具有特殊地方风味的茶叶香气。

⑤浓郁：香气高锐，浓烈持久。

⑥香短：香气保持时间短，很快消失。

⑦纯正：香气正常。表明茶香既无突出的优点，也无明显的缺点。

⑧粗青味：粗老的青草味。

⑨粗老味：茶叶因粗老而表现的内质特征。

⑩烟味：茶叶在烘干过程中吸收了燃料释放的杂异气味。

⑪纯和：香气纯而正常，但不高。

⑫陈霉气：茶叶受潮变质，被霉菌污染或储藏时间过久，含水量高，产生的劣质气味。

121 红茶滋味的专业审评术语，常用的有哪些

①鲜爽：鲜爽爽口，有活力。

②甜爽：茶味爽口回甘。

③甜和：也称“甜润”，甘甜醇和。

④ 浓烈：茶味极浓，有强烈刺激性口感。

⑤ 浓爽：味浓而鲜爽。

⑥ 浓醇：醇正爽口，有一定浓度。

⑦ 浓厚：茶味浓度强度的合称。

⑧ 清爽：茶味浓淡适宜，柔和爽口。

⑨ 甜醇：味道醇和带甜。

⑩ 鲜醇：茶汤内含物丰富，味道鲜爽甘醇。

⑪ 醇厚：茶味厚实纯正。

⑫ 醇正：味道纯正厚实。

⑬ 花香味：包含鲜花的香味。

⑭ 刺激性：高档大叶中红碎茶多富有较强的刺激性。

⑮ 味淡：由于水浸泡出物含量低，茶汤味道浅薄。

⑯ 苦涩：茶汤味道既苦又涩。

⑰ 苦味：味苦似黄连。

⑱ 熟味：茶味缺乏鲜爽感，熟闷不快。

⑲ 异味：杂异气味的总称。

122 红茶叶底的专业审评术语，常用的有哪些

① 鲜亮：色泽新鲜明亮。

② 柔软：细嫩绵软。

③ 瘦薄：叶张瘦薄。

④ 瘦小：芽叶单薄细小。

⑤ 舒展：冲泡的茶叶自然展开。

⑥ 卷缩：开汤后的叶底不展开。

祁门工夫红茶

123 祁门工夫红茶的产地在哪里

祁红主产于安徽黄山市祁门县，所以称祁门工夫红茶，简称“祁红”，以历口古溪、闪里、平里一带所产祁红品质最优。祁红是我国传统工夫红茶中的珍品，有一百多年生产历史，在国内外享有盛誉。

124 祁门工夫红茶的特点是什么

祁门红茶是我国乃至世界著名的高香工夫红茶。祁门茶区内海拔600米左右的山地占九成以上，气候湿润，雨量充沛，早晚温差大，非常适合茶树的生长。祁门红茶的采制多在春夏两季，只采鲜嫩茶芽的一芽二叶制茶。

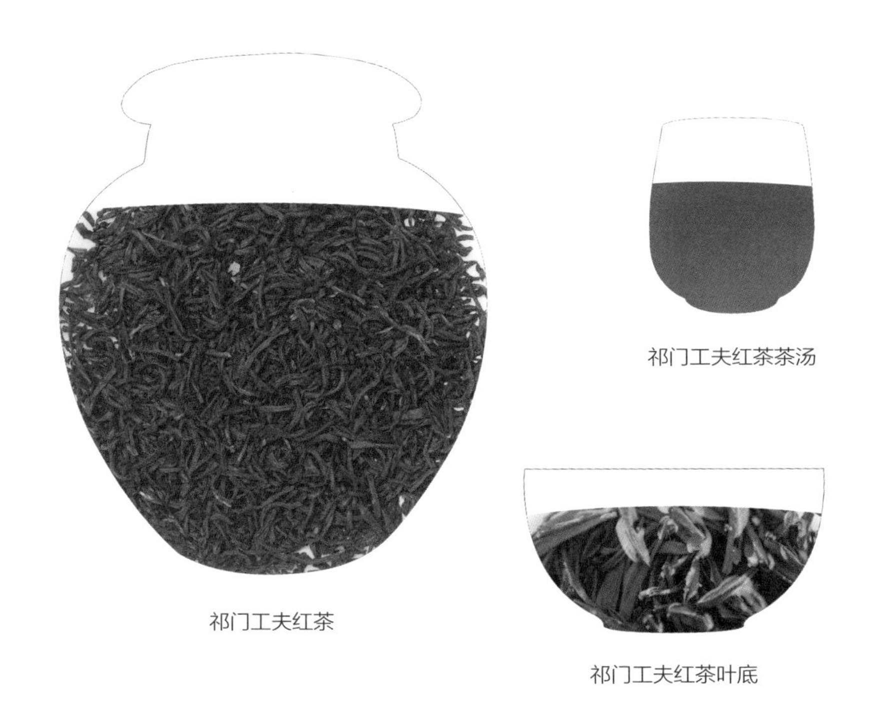

祁门工夫红茶茶汤

祁门工夫红茶

祁门工夫红茶叶底

祁门红茶的特点为：

①干茶：条索紧细匀整，锋苗秀丽。

②颜色：色泽乌润。

③汤色：红艳明亮。

④香气：蜜糖香味融合兰花香，馥郁持久。

⑤滋味：甘鲜醇厚。

⑥叶底：红亮纤秀。

125 祁门工夫红茶是怎么创制的

祁门一带历史上盛产茶叶，唐咸通三年（862年），司马途《祁门县新修阊江溪记》称：祁门一带“千里之内，业于茶者七八矣。……祁之茗，色黄而香”。祁门在清光绪以前并不生产红茶。据传，光绪元年（1875年），有个黟县人叫余干臣，从福建罢官回原籍安徽经商，因羡福建红茶（闽红）畅销利厚，想就地试制红茶，于是在至德县（今东至县）尧渡街设立红茶庄，仿效闽红制法，用当地茶青制作红茶，获得成功。次年到祁门县的历口、闪里设立分茶庄。与此同时，当时祁门人胡元龙在祁门南乡贵溪进行“绿改红”，设立“日顺茶厂”试生产红茶也获成功。从此“祁红”不断扩大生产，并逐步走向世界。

云南工夫红茶

126 云南工夫红茶（滇江）的原料是什么

云南工夫红茶创制于1939年，主产区位于滇西南澜沧江以西，怒江以东的高山峡谷地区，包括凤庆、临沧、勐海、云县等地，简称“滇红”。

滇红采用云南大叶种茶树鲜叶为原料，采摘大叶种茶树的一芽一二叶，用传统工夫红茶工艺制成。

127 滇红的特点是什么

滇红的品质特点是：

①干茶：条索肥壮紧结，重实匀整。

②颜色：色泽乌润带红褐，茸毫多，毫色有淡黄、菊黄、金黄。

③汤色：红艳明亮。

④香气：香气高长，带有花香。

⑤滋味：滋味甘鲜、醇厚，刺激性强。

⑥叶底：红亮肥厚。

滇红

滇红茶汤

滇红叶底

政和工夫红茶

128 政和工夫红茶的特点是什么

政和工夫按茶树的品种分为大茶、小茶两种，大茶用政和大白茶鲜叶制成，是闽红三大工夫茶中的上品，其特点是干茶条索紧结、肥壮多毫，色泽乌润，汤色红浓，香气高而香甜，滋味浓厚，叶底肥壮尚红。小茶是用小叶种鲜叶制成，干茶条索细紧，香似祁红，但欠持久，汤稍浅，味醇和，叶底红匀。政和工夫以大茶为主，取其毫多味浓的优点，适当拼配高香的小茶，因此高级政和工夫条索匀整，毫心显露，香气和滋味俱佳。

金骏眉

129 金骏眉的特点是什么

金骏眉原料要求很高，为清明前采摘于武夷山国家级自然保护区内海拔1500～1800米高山上，原生态小种野茶的茶芽，500克金骏眉干茶需5万多颗芽尖，是二十多个采茶工一天采茶的总量，因此金骏眉价格不菲。

金骏眉干茶紧细重实，油润，色泽金黄、黑相间，绒毫显；香气为复合型花果香及桂圆干香、高山韵香浓烈持久；汤色金黄璀璨，浓稠挂杯；滋味醇厚，甘甜爽滑，回味持久；叶底呈古铜色针状，匀整、隽秀、挺拔。

130 正山小种红茶的特点是什么

正山小种红茶是世界红茶的鼻祖，创制于明末清初。

标准的正山小种红茶产自武夷山市桐木关乡及周边海拔600～1200米、方圆600平方千米的原产地范围内，以当地传统的菜茶群体品种茶树的一芽三四叶为原料，用传统工艺制成。正山小种的特点为：

① 干茶：条索肥壮，紧结圆直。

② 颜色：色泽乌润。

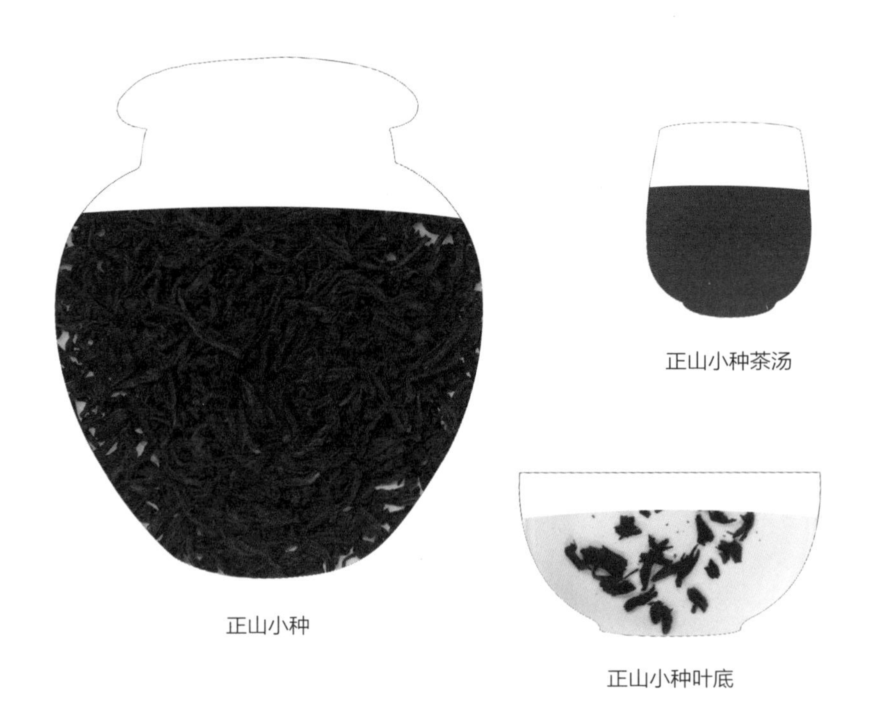

正山小种

正山小种茶汤

正山小种叶底

③ 汤色：红艳明亮。

④ 香气：醇馥的烟香和桂圆香、蜜枣味，香气高长，芬芳浓烈。

⑤ 滋味：滋味醇厚，似桂圆汤味。

⑥ 叶底：古铜色。

131 如何区分正山小种红茶与外山小种红茶

正山小种的“正山”，是指桐木关自然保护区范围内地区，这一地区采制的小种红茶为“正山小种”，其他地区采制的小种红茶则为“外山小种”（如政和工夫、坦洋工夫等）。

正山小种外形条索肥实，色泽乌润，泡水后汤色红浓，香气高长，带松烟香，滋味醇厚，带有桂圆汤味，加入牛奶，茶香味不减。

外山小种条索与正山小种近似，身骨稍轻而短，色泽红褐，冲泡后，带有松烟香，滋味醇和，汤色稍浅。

132 正山小种红茶加工的特殊工序是什么

小种红茶加工中的特殊工艺是烟焙。

红茶发酵完成，进行复揉，之后将茶抖散，放在竹筛上，在室外灶堂里烧松木明火，把热气导入“青楼”最底层，茶在干燥的过程中不断吸附松烟香，使小种带有独特的松脂香味。

茶叶烘干后进行筛分，拣去粗、老茶梗后，再置于焙笼上，用松柴烘焙，以增进小种红茶特殊的香味。

在烘干茶叶的同时，因桐木关小种红茶采制的季节经常下雨，一般萎凋是在室内加温完成，需要萎凋的茶叶架放在需要烟焙的茶叶上方，在烟焙茶叶时，利用其余热对茶青进行加温萎凋。

红 碎 茶

133 红碎茶的原料是什么

红碎茶不是红茶的碎末。

红碎茶一般选用粗老的梗叶为原料制成，是国际茶叶市场的大宗茶品。在红茶加工过程中，将条形红茶切成小段的碎茶，故命名为红碎茶。因叶形和茶树品种的不同，红碎茶品质亦有较大的差异。

134 红碎茶的品质特点是什么

传统红碎茶的品质特点是：颗粒紧结重实，色泽乌黑油润。冲泡后，香气、滋味浓度好，汤色红浓，叶底红匀。要求茶汤味浓、强、鲜，香高，富有刺激性。

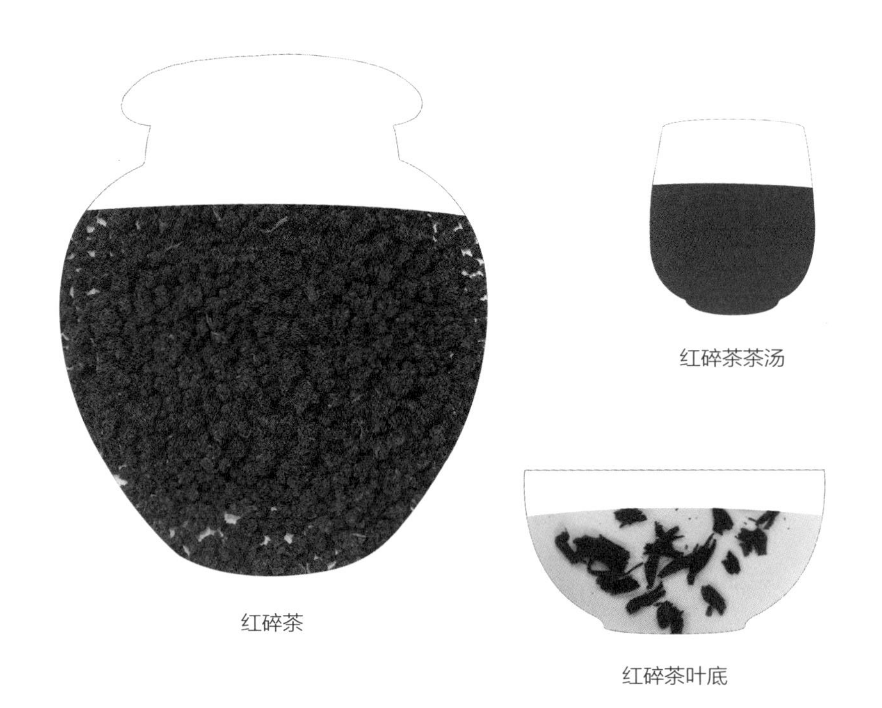

红碎茶茶汤

红碎茶

红碎茶叶底

红碎茶适合在茶汤中加入伴侣调料，以佐茶味。当今的调饮泡法，比较常见的是在红茶茶汤中加入糖、牛奶、柠檬、咖啡、蜂蜜或香槟酒等。

135 如何冲泡红碎茶

① 茶具：红茶壶和红茶杯。

② 调饮伴侣：糖、柠檬或牛奶。

③ 茶叶量：根据壶的大小，每70～80毫升水需要1克红碎茶。

④ 水温：将90℃左右开水高冲入壶。

⑤ 分茶：泡茶3～5分钟，提起茶壶，轻轻摇晃，使茶汤浓度均匀，用滤茶勺滤去茶渣，将茶倒入红杯。

⑥ 调饮：加入一片柠檬和一两匙蜂蜜，调饮品用量的多少，可视每位宾客的口味而定。

⑦ 品饮：品饮时，用茶匙调匀茶汤，进而闻香、饮茶。

黑茶

136 什么是黑茶

黑茶是中国特有的一大茶类，由于原料比较粗老，制造过程中往往要堆积发酵较长时间，所以茶叶叶片大多呈现暗褐色，因此被称为黑茶。黑茶属后发酵茶，发酵由天然陈放完成，或由人工渥堆完成。黑茶因其保健功效而受到欢迎。

黑茶是用已经初制、干燥的晒青毛茶为原料，再行发酵制成的，其特殊工艺为渥堆发酵。

137 黑茶最早出现在什么时间

黑茶于明代中期开始生产。“黑茶”二字，最早见于明嘉靖三年（1524年）御史陈讲奏疏：“以商茶低伪，征悉黑茶。地产有限，仍第为上中二品，印烙篾上，书商名而考之。每十斤蒸晒一篾，运至茶司，官商对分，官茶易马，商茶给卖”。

138 黑茶的主要产地有哪些

黑茶生产历史悠久，早在北宋时就有用绿毛茶做色变黑的记载。黑茶主产于湖南、湖北、四川、云南、广西等地，出产湖南黑茶、湖北老青茶、四川南路边茶和西路边茶、广西六堡茶、云南普洱茶等品种。

①湖南安化、桃江、沅江、汉寿、宁乡、益阳、临湘等地出产茯砖、千两茶、天尖、贡尖等。茯茶有特殊的药香，有的茯茶中有“金花”，是学名为“冠突散囊菌”的益生菌。

②湖北蒲圻、咸宁、通山、崇阳、通常等地出产青砖茶。传统的青砖茶压制时将粗老的青茶放在里面，细嫩的青茶放在表面，因此，老青砖茶有里茶与面茶之分。青砖茶香气独特，味浓可口。

③四川雅安、乐山等地生产金尖、康砖等黑茶，主要供应给边区少数民族饮用，故称边茶，分为专供南边藏族同胞消费的南路边茶和供西边少数民族同胞消费的西路边茶。

④广西苍梧、贺县、贵县、横县等地出产六堡茶。六堡茶因原产于苍梧县六堡乡而得名。六堡茶汤色红浓，香味醇陈爽口，优质六堡茶有槟榔的香和味，间有“金花”。

⑤云南西双版纳、思茅等地出产普洱茶。普洱茶有悠久的历史，因集散于普洱而得名。普洱茶有特殊的陈香，滋味浓醇。

139 黑茶有什么保健功效

黑茶比较突出的保健功效有：

①调节降脂、血压。

②减肥，预防动脉硬化。

③防癌、抗癌。

④护胃、养胃。

⑤抗氧化，抗衰老。

⑥调节新陈代谢。

140 冲泡黑茶水温如何掌握

黑茶因采用比较粗老的原料，所以在泡茶时一定要用100℃左右的沸水，才能将黑茶的茶味完全泡出。黑茶可以煮茶，西北边疆地区饮黑茶多为煮后清饮或与奶等调饮。

141 黑茶的特色是什么

黑茶大多具有以下特征：

①干茶：条索紧实、含梗量少，光润，匀齐。

②颜色：橙黄、黑褐，有光泽。

③汤色：橙黄清澈、明亮，或红亮、清澈。

④香气：陈香、槟榔香、药香等，香气醇厚，高而持久。

⑤滋味：醇厚柔和，生津回甘，润滑。

⑥叶底：黑褐，有光泽，叶底匀整，韧性好。

142 黑茶干茶的专业审评术语，常用的有哪些

干茶外形：

①折叠条：呈折叠条状。

②全白梗：梗子半红半白，较白梗老。

③红梗：已木质化的梗子。

④丝瓜瓤：渥堆过度，复揉中叶脉与叶肉已分离。

⑤红叶：叶色暗红无光。

⑥铁板色：色乌暗呆滞不活。

⑦端正：砖身形态完整、砖面平整、棱角分明。

⑧纹理清晰：砖面花纹、商标、文字等标记清晰。

⑨紧密适合：压制松紧适度。

⑩起层脱面：面茶脱落，里茶翘起。

⑪ 包心外露：里茶暴露于砖面。

⑫ 黄花茂盛：茯砖茶中金花（冠突散囊菌）粒大量多，是品质好的表现。

⑬ 缺口：砖面、饼面及边缘有残缺现象。

⑭ 龟裂：砖面有裂缝。

⑮ 烧心：砖（沱、饼）中心部分发黑发红。

干茶色泽：

① 乌黑：乌黑油润。

② 猪肝色：红带褐。金尖色泽。

③ 黑褐：褐中泛黑。黑砖色泽。

④ 青褐：褐中带青。青砖色泽。

⑤ 棕褐：褐中带棕。康砖色泽。

⑥ 黄褐：褐中显黄。茯砖色泽。

⑦ 褐黑：黑中泛褐。特制茯砖色泽。

⑧ 青黄：黄中带青。新茯砖多为此色。

⑨ 铁黑：色黑似铁。为湘尖的正常色泽。

⑩ 半筒黄：色泽花杂，叶尖黑色，柄端黄黑色。

⑪ 红褐：褐中带红。普洱茶色泽。

143 黑茶汤色的专业审评术语，常用的有哪些

① 橙黄：黄中显橙。

② 橙红：红中显橙。

③ 深红：红而无光亮。

④ 暗红：红而深暗。

⑤ 棕红：红而显棕。

⑥ 棕黄：黄中带棕。

⑦ 黄明：黄而明亮。

⑧黑褐：褐带暗黑。

⑨棕褐：褐带棕色。

⑩红褐：褐中显红。

144 黑茶香气的专业审评术语，常用的有哪些

①陈香：香有陈气，无霉气。

②松烟香：松柴熏焙的气味。湖南黑茶、六堡茶有此香气。

③馊酸气：渥堆过度的气味。

④霉气：除金花外，其他有白霉、黑霉、青霉等杂霉的砖。有霉气是劣变茶的气味。

⑤烟气：一般黑茶为劣变气味，而方包茶略带些烟味尚属正常。

⑥菌花香：茯砖茶金花茂盛的茶砖具有的香气。

145 黑茶滋味的专业审评术语，常用的有哪些

①醇和：味醇而不涩、不苦。

②醇厚：味醇较丰满，茶汤水浸出物较高。

③醇浓：有较高浓度，但不强烈。

④槟榔味：六堡茶的特有滋味。

⑤陈醇：有陈香味，醇和可口。普洱茶滋味。

146 黑茶叶底的专业审评术语，常用的有哪些

①硬杂：叶质粗老、多梗，色泽花杂。

②薄硬：质薄而硬。

③青褐：褐中泛青。

④黄褐：褐中泛黄。

⑤黄黑：黑中泛黄。

⑥ 红褐：褐中泛红。

⑦ 泥滑：嫩叶组织糜烂。渥堆过度所致。

147 冲泡黑茶应注意什么

因为黑茶的浓度高，冲泡时宜选腹大的壶，宜选紫砂壶或盖碗。

黑茶的制茶工艺比较特殊，尤其是一些储存多年的黑茶，为了泡出纯正的茶香，正式泡饮前需要温茶——冲下的沸水立即倒出，可进行1、2次。润茶出汤的速度要快。

黑茶比较耐冲泡。泡茶时，最初几泡水冲入就可将茶汤倒出品饮，随着冲泡次数增加，泡的时间可慢慢延长，这样使茶汤自始至终保持均匀。

普洱茶

148 什么是普洱茶

历史上的普洱茶因茶叶集散地古普洱府而得名，现在的普洱茶是指：

① 原料产地：云南一定区域内。

② 制茶原料：大叶种茶树鲜叶，经加工后在阳光下晒干而成的晒青毛茶。

③ 制茶工艺：经过后发酵（渥堆发酵）加工而成。

149 云南普洱茶的产地特点是什么

普洱茶原产云南省，古今中外负有盛名。普洱茶主产区是世界茶树的起源地，位于澜沧江两岸，滇南、滇西地区，包括思茅、西双版纳、红河、文山、保山、临沧等地。

热带高原型湿润季风气候和肥沃的红壤孕育着云南大叶种茶树。大叶种鲜叶叶片大而柔软，内含物质丰富，茶多酚、咖啡因等有效物质含量高，制成的茶味道浓烈，在茶的世界里独具特色。

150 什么是普洱茶生茶

以业界的普洱茶标准界定，“普洱茶”应仅指经过后发酵的普洱茶“熟茶”（俗称“熟普”）。但习惯上，人们称未经发酵的普洱茶（即晒青茶，未经发酵，本应划归绿茶类）为普洱茶生茶（俗称“生普”）。

普洱茶生茶的制作工艺为：云南大叶种茶鲜叶→萎凋→杀青→揉捻→晒干→蒸压→干燥，其制成品为云南大叶种晒青毛茶，也称滇青。

普洱茶生饼

151 普洱茶生茶最大的特点是什么

普洱茶生茶是揉捻后的茶叶，在太阳光下自然晒干的，最大程度地保留了茶叶中的有益物质和茶叶的本味。

生茶的品质特征为：干茶色泽墨绿，芽头为银白色，香气清纯持久，滋味浓厚回甘，汤色绿黄清亮，叶底肥厚黄绿。

生茶茶性较刺激，放多年后茶性会转温和，干茶变为褐绿色、红褐色，人们习惯称之为老普洱。老普洱通常是指陈放多年，已自然发酵的普洱茶生茶。

普洱茶生茶 饼茶

普洱茶生茶茶汤

普洱茶生茶 散茶

152 什么是普洱茶熟茶

普洱茶熟茶是经过渥堆发酵工艺制成的后发酵黑茶。1973年，中国茶叶公司云南茶叶分公司根据市场发展的需要，最先在昆明茶厂试制普洱茶熟茶，后在勐海茶厂和下关茶厂推广生产工艺。渥堆发酵加速了茶的陈化，使茶性更加温和。经过后发酵，普洱茶干茶呈深褐色，汤色红浓明亮，香气独特陈香，滋味醇厚回甘，叶底红褐均匀。

普洱熟茶加工工艺为：云南大叶种晒青毛茶→蒸压→干燥→湿水→反复翻堆→出堆→解块→干燥→分级→蒸压→干燥摊晾。

153 普洱茶熟茶的特点是什么

普洱茶熟茶是将生茶毛茶湿水，按一定厚度堆积在一起，让茶叶在微生物作用、湿热作用和氧化作用下形成普洱茶特有的风味、品质，反复翻堆、出堆、解块、干燥制成。

普洱茶熟茶干茶颜色为“猪肝红”，呈褐色，芽头为金红色，具有纯正的陈香，有的带有樟香、枣香等，茶汤红浓透明，滋味醇厚、顺滑、回甘。

普洱茶熟茶 茶饼

熟茶茶汤

普洱茶熟茶 散茶

经存放的普洱茶生茶 茶饼

经存放的普洱茶生茶的茶汤

154 普洱生茶与熟茶的功效一样吗

生、熟普洱茶性能和功效不一，对人体的保健作用也不尽相同。

生茶茶性偏寒，具有消热解毒、去火降燥、止渴生津、强心提神的功能，且富含茶多酚、咖啡因、氨基酸、维生素等营养成分，饮之能解除疲劳，兴奋精神，又能补充一些营养素。

熟茶比生茶温和，既没有了绿茶对肠胃的刺激性，又在茶的氧化过程中产生许多新的营养物质，如茶红素、茶黄素，其维生素C的含量也得以提高，除普通茶叶清热解毒、生津止渴等作用外，还能调节血脂和血压，调理肠胃。

155 如打算长期存放，应选什么普洱茶

如果打算买来后边存边喝，可以选熟茶，因为熟普已经过人工后发酵过程，茶性比较稳定，具有陈香、甘滑、醇厚的口感，无需漫长的存放转化时间。

如果打算长期存放，应选生普。生茶需要漫长的时间来完成内质的转化发酵，这个过程所需的时间因存放条件不同而不同，温度、湿度都影响茶的转化速度。因此，打算长时间存放普洱茶的，最好选择内质更加丰厚的乔木茶、古茶树茶制作的生普洱茶。

茯 茶

156 什么是茯茶

茯茶产自湖南益阳安化，创制于1860年前后。因在伏天加工，故又称“伏茶”。茯茶紧压成砖形，即茯砖。茯砖的制作为：原料处理→蒸气渥

堆→压制定型→发花干燥→成品包装等。

近年来，陕西咸阳也出产茯茶。

157 茯砖的特点是什么

茯砖茶外形为长方砖形，砖面色泽黑褐或黄褐，内质香气纯正，滋味醇厚，汤色红黄明亮，叶底黑褐、粗老。

优质茯砖茶茶汤红而不浊，香清不粗，味厚不涩，口劲强，耐冲泡。特别是砖内的金花（金黄色霉菌）——冠突散囊菌颗粒大，干嗅有黄花清香，有较好的降脂解腻作用，能养胃、健胃。产地居民多有保存几片茯砖，遇有腹痛或腹泻以茯砖代药的习惯。

茯砖茶

茯砖茶茶汤

茯砖茶内部的金花

六 堡 茶

158 什么是六堡茶

六堡茶产于广西梧州市苍梧县六堡乡，茶因原产地六堡乡而得名。六堡茶在清朝乾隆时期在广西、广东两省和港澳、南洋地区已深受欢迎，并出口到欧洲国家。

159 六堡茶的特点是什么

六堡茶干茶色泽黑褐，茶汤红浓明亮，滋味醇厚、爽口回甘，香气陈醇，有槟榔香，叶底红褐，耐存放，越陈越好。久藏的六堡茶发金花，这是六堡茶品质优良的表现。

六堡茶茶汤

六堡茶

白茶

160 白茶因何得名

白茶是中国六大茶类之一，属轻微发酵茶。白茶生产已有200年左右的历史，由福鼎县茶农创制，主要产区在福建省福鼎、政和、松溪、建阳等地。主要品种有白毫银针、白牡丹、贡眉等。

白茶是条状茶叶，以政和大白茶茶树的芽叶制成，细嫩的芽叶上面披满了细小的白毫，看上去茶色白，白茶茶汤颜色为浅杏黄，呈象牙色，白茶的名称因此得来。

161 白茶的外形美在哪里

白茶中的白毫银针、白牡丹都以茶形之美著称。

白牡丹是采摘大白茶树、水仙种新梢的一芽一二叶制成，是白茶中的上乘佳品。白牡丹绿叶夹银白色毫心，形似花朵，冲泡后绿叶托着嫩芽，宛如蓓蕾初放，故而得名。

杯泡白毫银针

采摘大白茶树的肥芽制成的白茶称为“白毫银针”，是白茶中最名贵的品种，因其色白如银，外形似针而得名。冲泡后，白毫银针根根竖立，在杯中慢慢沉降，令人心绪随之起伏。

162 制作白茶的工序是什么

由于地理的阻隔，在福鼎太姥山崇山峻岭中，居民和僧侣仍沿用祖先利用茶叶时的做法——采摘茶鲜叶后晒干或阴干、焙干，保留了这种最早出现的，最接近自然的制茶工艺。

白茶使用福鼎大白茶、福鼎大毫茶、政和大白茶、福安大白茶等茶树鲜叶制成，白毫银针采摘单芽，白牡丹采摘一芽一二叶，寿眉则使用抽针（采摘茶的嫩梢，抽去制作白毫银针的单芽）后的鲜叶制作。

白茶制作只是鲜叶采摘后萎凋，并慢慢阴干，当遇到阴天或下雨时则在室内自然萎凋或加温萎凋。当茶叶达七八成干时，进行室内烘干，使茶叶水分含量达到3%～5%。

163 新工艺白茶与传统工艺白茶的区别是什么

新工艺白茶简称新白茶，是福建省1968年创制的新茶种。

制造新工艺白茶的鲜叶原料同贡眉，来自小叶种茶树，原料嫩度要求相对较低。新工艺白茶与传统工艺白茶区别在于：新工艺白茶的初制工艺是在萎凋后经过轻度揉捻。

164 新工艺白茶的特点是什么

与传统工艺白茶相比，新工艺白茶的内含物质更容易浸出。新工艺白茶干茶外形叶张略有缩褶，呈半卷条形，色泽暗绿带褐，香清味浓，汤色深，叶底色泽青灰带黄，浓醇清甘，独具特色。

165 白茶的冲泡应注意什么

白茶在加工时未经揉捻，茶汁不易浸出，所以需要较长的泡茶时间。尤其是白毫银针，冲水后，芽叶都浮在水面，五六分钟后才有部分茶芽沉落杯底，此时茶芽条条挺直，上下交错，犹如雨后春笋，甚是好看。大约十分钟后，茶汤呈黄色。

白茶中以寿眉最为耐泡，其次是白牡丹。

茶具，冲泡白毫银针、白牡丹宜用玻璃杯，水温80～85℃为佳；冲泡寿眉不用紫砂壶，用沸水冲泡。

白茶也讲究喝老茶，存放几年的白茶水温宜高，老寿眉适合煮饮。

166 存放多年的老白茶会有什么变化

白茶存放几年就可称为“老白茶”，10～20年的老白茶比较难得。白茶经过长时间存放，茶叶内质缓慢地发生着变化，其多酚类物质不断氧化，转化为更高含量的黄酮、茶氨酸等成分，茶叶从绿色转为褐绿色，香气成分逐渐挥发，汤色逐渐变红，滋味变得醇和，茶的刺激感由强至弱。

167 白茶干茶外形的专业审评术语，常用的有哪些

干茶外形：

①肥壮：芽肥嫩壮大，茸毛多。

②洁白：茸毛多，洁白而富有光泽。

③连枝：芽叶相连成朵。

④垂卷：叶面隆起，叶缘向叶背卷起。

⑤舒展：芽叶柔嫩，叶态平伏伸展。

⑥皱折：叶张不平展、有皱折痕。

⑦弯曲：叶张不平展、不服帖，带弯曲。

⑧破张：叶张破碎。

⑨蜡片：表面形成蜡质的老片。

干茶色泽：

①银芽绿叶、白底绿面：指毫心和叶背银白茸毛显露，叶面为灰绿色。

②墨绿：深绿泛乌，少光泽。

③灰绿：绿中带灰。属白茶正常色泽。

④暗绿：叶色深绿，暗无光泽。

⑤黄绿：呈草绿色。非白茶正常色泽。

⑥铁板色：深红而暗似铁锈色，无光泽。

168 白茶汤色的专业审评术语，常用的有哪些

①杏黄：浅黄明亮。

②橙黄：黄中微泛红。

③浅橙黄：橙色稍浅。

④深黄：黄色较深。

⑤浅黄：黄色较浅。

⑥黄亮：黄而清澈明亮。

⑦暗黄：黄较深暗。

⑧微红：色泛红。

169 白茶香气的专业审评术语，常用的有哪些

①嫩爽：鲜嫩、活泼、爽快的嫩茶香气。

②毫香：白毫显露的嫩芽所具有的香气。

③清鲜：清高鲜爽。

④鲜纯：新鲜纯正，有毫香。

⑤酵气：白茶萎凋过度，带发酵气味。

⑥青臭气：白茶萎凋不足或火功不够，有青草气。

170 白茶滋味的专业审评术语，常用的有哪些

①清甜：入口感觉清鲜爽快，有甜味。

②醇爽：醇而鲜爽，毫味足。

③醇厚：醇而甘厚，毫味不显。

④青味：茶味淡而青草味重。

171 白茶叶底的专业审评术语，常用的有哪些

①肥嫩：芽头肥壮，叶张柔软、厚实。

②红张：萎凋过度，叶张红变。

③暗张：色暗黑，多为雨天制茶形成死青。

④暗杂：叶色暗而花杂。

白毫银针

172 白毫银针的品质特征是什么

白毫银针创制于清代嘉庆年间（18世纪末到19世纪初），简称银针，也称白毫。

白毫银针的品质特点是：外形挺直如针，芽头肥壮，满披白毫，色白如银。此外，因产地不同，品质有所差异。产于福鼎的，芽头茸毛厚，色白有光泽，汤色呈浅杏黄色，滋味清鲜爽口；产于政和的，滋味醇厚，香气芬芳。白毫银针在制作时，未经揉捻破碎茶芽细胞，所以冲泡时间比一般绿茶要长些，否则茶汁不易浸出。

白毫银针茶汤

白毫银针

白毫银针叶底

白牡丹

173 白牡丹茶的品质特征是什么

白牡丹绿叶夹银色白毫芽，形似花朵，冲泡后，绿叶拖着嫩芽，宛若蓓蕾初绽。于20世纪20年代首创于建阳水吉，现主销港、澳地区及东南亚等地。

白牡丹的品质特点是：外形不成条索，似枯萎花瓣，色泽灰绿或暗青苔色；冲泡后，香气芬芳，滋味鲜醇，汤色杏黄或橙黄，叶底浅灰，叶脉微红，芽叶连枝。

白牡丹

白牡丹茶汤

白牡丹叶底

寿 眉

174 寿眉茶的品质特征是什么

寿眉主产于福建福鼎，采摘一芽二叶、一芽三叶，经萎凋、干燥制成。

寿眉干茶色泽灰绿，冲泡后汤色橙黄明亮，香气鲜纯，滋味醇爽、清甜，泡开后叶底整张如眉。寿眉原料较粗老，茶的风味十足。

寿眉

寿眉茶汤

黄茶

175 什么是黄茶

黄茶类属轻微发酵茶，具有黄汤黄叶的特点，用带有茸毛的芽或芽叶制成。制茶工艺类似绿茶，在制茶过程中有焖黄工艺，形成黄茶黄汤、黄叶的特征。

176 黄茶的制作工艺是什么

制作黄茶有以下工序：杀青→揉捻→焖黄→摊晾→初包→复烘→再包→焙干黄茶。制作的特点是杀青、烘焙都温度较低，杀青动作轻而迅速。

177 制作黄茶最重要的工艺是什么

制作黄茶的重要工艺是焖黄。焖黄工序有的在揉捻之后。焖黄能促进茶叶中某些成分的变化与转化，减少茶的苦涩味，增加甜醇味，消除粗青气，有些黄茶需以双层皮纸包裹发酵两次，历时长达几十个小时。焖黄是形成黄茶黄汤、黄叶品质特征的关键工艺，使黄茶拥有味醇甘爽，汤黄澄亮，茸毫呈黄的特色。

178 黄茶有哪些名优品种

黄茶依原料芽叶的嫩度和大小可分为黄芽茶、黄小茶和黄大茶三类。

①黄芽茶，原料细嫩，采摘单芽或者一芽一叶加工而成，名品为湖南岳阳洞庭湖君山的“君山银针”，四川雅安、名山县的“蒙顶黄芽”和安徽霍山的“霍山黄芽”。

②黄小茶，采摘细嫩芽叶加工而成，品种有湖南岳阳的“北港毛尖”，湖南宁乡的“沩山毛尖”，湖北远安的“远安鹿苑”和浙江温州、平阳一带的“平阳黄汤”。

③黄大茶，采摘一芽二三叶甚至一芽四五叶为原料制作而成，品种有安徽霍山的“霍山黄大茶”和广东韶关、肇庆、湛江等地的“广东大叶青”。

179 冲泡黄茶的水温多少合适

由于制茶原料不同，煮茶冲泡时所需水温也不同。

①黄芽茶原料细嫩、采摘单芽或者一芽一叶加工而成，可选择75～80℃的水温泡茶。

②黄小茶采摘细嫩芽叶加工而成，可选择85℃的水温泡茶。

③黄大茶采摘一芽二三叶甚至一芽四五叶为原料制作而成，可选择90℃的水温冲泡。

180 黄茶干茶的专业审评术语，常用的有哪些

干茶形状：

①扁直：扁平挺直。

②肥直：芽头肥壮挺直，满披白毫，形状如针。此术语也适用于绿茶和白茶干茶形状。

③ 梗叶连枝：叶大梗长而相连。

干茶色泽：

① 金黄：芽色金黄，油润光亮。

② 嫩黄：色浅黄，光泽好。

③ 褐黄：黄中带褐，光泽稍差。

④ 黄褐：褐中带黄。

⑤ 黄青：青中带黄。

181 黄茶汤色专业审评术语，常用的有哪些

① 黄亮：黄而明亮。

② 橙黄：黄中微泛红，似橘黄色。

182 黄茶香气专业审评术语有哪些

① 嫩香：清爽细腻，有毫香。

② 清纯：清香纯和。

③ 焦香：炒麦香强烈持久。

183 黄茶滋味专业审评术语有哪些

① 甜爽：爽口而有甜感。

② 甘醇：味醇而带甜。

③ 鲜醇：清鲜醇爽，回甘。

184 黄茶叶底专业审评术语有哪些

① 肥嫩：芽头肥壮，叶质柔软厚实。

② 嫩黄：黄里泛白，叶质嫩度好，明亮度好。

君山银针

185 君山银针茶的产地是哪里

君山银针产于湖南岳阳的洞庭山，洞庭山又称君山。所产的茶，形似针，满披白毫，故茶以地名和茶形结合，称君山银针。一般认为君山银针始制于清代，现在产量极少。

186 君山银针茶为何有名

君山银针产于湖南岳阳洞庭湖中的君山。君山为洞庭湖中岛屿。君山产茶历史悠久。君山银针属黄茶类，以色、香、味、形俱佳而著称。

君山银针的原料需在茶树刚冒出芽头时采摘，经十几道工序制成，其成品茶芽头茁壮，长短大小均匀，内橙黄色，外裹一层白毫，故得雅号“金镶玉”，茶条如其名，很像一根根银针，干茶匀整好看。冲泡后，开始茶叶全部冲向上面，继而徐徐下沉，三起三落，起落交错，为茶中奇观，令人难忘。入口则清香沁人，齿颊留芳。

君山银针

187 君山银针茶鲜叶的采摘有什么讲究

君山银针的采摘和制作都有严格要求，每年只能在清明前后七天到十天采摘，只采摘春茶的首轮嫩芽。由于对原料要求极高，君山银针有雨天不采、风伤不采、开口不采、发紫不采、空心不采、弯曲不采、虫伤不采等九不采。

188 君山银针茶的特点是什么

①干茶：芽头肥壮挺直、匀齐，满披茸毛。

②颜色：色泽金黄泛光，有“金镶玉”之称。

③汤色：浅黄。

④香气：香气清鲜。

君山银针

君山银针茶汤

君山银针叶底

⑤滋味：滋味甜爽。

⑥叶底：叶底黄明。

189 君山银针茶的冲泡应注意什么

君山银针以冲泡后的优美茶舞著称，冲泡前需准备盖玻璃杯用的玻璃片。

刚冲泡时的君山银针是横卧水面的。盖上玻璃片后，茶芽吸水下沉，芽尖产生气泡，犹如雀舌含珠。继而茶芽个个直立杯中，似春笋出土，如刀枪林立。接着，沉入杯底的直立茶芽，少数在芽尖气泡的浮力作用下再次浮升。如此上下沉浮，使人不由得联想起人生的起落。此时端起茶杯，顿觉清香袭鼻，闻香之后品茶，君山银针的茶汤口感醇和、鲜爽、甘甜。

蒙顶黄芽

190 蒙顶黄芽茶产自何处

蒙顶黄芽产于四川雅安名山县的蒙顶山，茶因产地得名。蒙顶山产茶已有两千余年历史，自唐至清，蒙顶山茶皆为贡品，是我国历史上最有名的贡茶之一。著名茶对联“扬子江心水，蒙山顶上茶”名扬天下，“扬子江心水”为古人评定的天下第一泉中泠泉，蒙顶山茶与之齐名，可见蒙顶茶自古以来就与天下第一泉共同成为茶与水中的绝品。

191 蒙顶黄芽茶的特点是什么

蒙顶黄芽的品质特点是：外形扁直，芽毫毕露。冲泡后，甜香浓郁，滋味鲜醇回甘，汤色黄亮，叶底为茶芽，嫩黄匀齐。蒙顶黄芽是蒙顶茶中的极品。

蒙顶黄芽

蒙顶黄芽叶底

蒙顶黄芽茶汤

192 霍山黄芽茶的特点是什么

霍山黄芽产于安徽霍山，为唐代20种名茶之一，清代为贡茶，后失传，现在的霍山黄芽是20世纪70年代初恢复生产的，主产区为佛子岭水库上游的大化坪、姚家畈、太阳河一带，以大化坪的“三金一乌”（金鸡坞、金山头、金竹坪和乌米尖）所产的黄芽品质最佳。

霍山黄芽的品质特点是：形似雀舌，芽叶细嫩，多毫，色泽黄绿。冲泡后，香气鲜爽，有熟板栗香，滋味醇厚回甘，汤色黄绿清明，叶底黄亮嫩匀。

霍山黄芽

花茶

193 什么是花茶

花茶是将茶叶加花窨制成的茶，又名“窨花茶”“香片”等，饮之既有茶味，又有花的芬芳，是一种再加工茶。这种茶富有花香，多以窨的花种命名，如茉莉花茶、牡丹绣球、桂花乌龙茶、玫瑰红茶等。使茶叶吸收花香的制作工艺称“窨制”。

由于窨花的次数不同，鲜花种类、质量不同，花茶的香气高低和香气特点都不一样。花茶中以茉莉花茶的香气最为浓郁，并最受茶客喜爱，是我国花茶中的主要产品。

194 茉莉花茶主要产地和著名品种有哪些

花茶的大量生产始于1851—1861年（清咸丰年间），1949年后，我国花茶生产有较大的发展，产销量逐年增加，现在花茶是中国茶叶中需求量较大的重要种类。

茉莉花茶的著名产地为福建、四川、广西等，著名品种有茉莉银针、碧潭飘雪等。

195 制作花茶的原料有哪些

窨制花茶的原料为茶坯和香花。

茶，一般采用绿茶（烘青绿茶）做茶坯，少量以红茶（如玫瑰红茶）和乌龙茶（如桂花乌龙茶）做茶坯。

花，一般采用茉莉花、玫瑰花、桂花、玉兰花等。

196 茉莉花茶品质优劣与什么有关

花茶是茶叶与香花窨制成的产品，其品质优劣与茶的质量有关，也与香花品质、窨制工艺（窨制次数、工艺条件等）有关。

①与茶坯质量相关，宜采用优质烘青绿茶窨制花茶，茶叶原料细嫩，滋味鲜醇。

②与茉莉花质量相关，采用优质香花，下花量足。

③与窨制工艺相关，花香的浓郁程度常常与下花量和窨次有关，下花量大，窨次多，花香则浓郁。花香的鲜灵度与香花的新鲜程度，是否提花以及窨制条件等均与花茶品质有关。

197 花茶外形的专业审评术语，常用的有哪些

干茶外形：

①细嫩：嫩度高，条索好，含有芽锋或多白毫。

②细紧：嫩度好，条索紧，外表光润，含有少量锋苗或白毫。

③紧结：条索紧卷，身骨重实。

④粗壮：条索粗大壮实，尚卷紧。

⑤匀齐：上、中、下三段茶比例适中，净度好。

⑥平直：条索挺直，在样盘中旋转后，面张平伏。

⑦弯曲：形似钩镰或弓状，与挺直相反。

干茶色泽：

①翠绿：绿中显翠，色泽鲜艳，高级绿茶特有。

②深绿：绿色深浓。

③黄绿：绿中泛黄，色泽欠润。

④枯黄或暗黄：色泽黄而枯燥，暗而无光。

⑤匀和：色泽均匀一致。

⑥青绿：绿多黄少，亦少光泽。

198 花茶香气的专业审评术语，常用的有哪些

①浓烈：香气丰富，直至冷嗅有余香。

②嫩香：清香芬芳，有爽快感觉。

③浓郁、馥郁：带有浓长的特殊花香称“浓郁”，比浓郁更好称“馥郁”。

④清高：香气高长鲜爽。

⑤清香：香气清新细长。

⑥纯正：香气正，无杂味，但不浓。

⑦平淡：香气较低，略有茶味。

⑧鲜灵：花香鲜显而高锐，一嗅即感。

⑨浓：花香饱满，亦指花茶的耐泡性。

⑩纯：花香、茶香比例调匀，无其他异杂气味。

⑪幽香：花香幽雅文静，缓慢而持久。

199 花茶滋味的专业审评术语，常用的有哪些

①鲜浓：清爽鲜活，内含物丰富。

②鲜醇：有鲜活爽口、甘醇的味道。

③ 浓厚：入口微苦后干爽，富有刺激性。

④ 醇厚：比浓厚刺激性弱些。

⑤ 醇和：纯洁而淡，无刺激性。

⑥ 涩：入口有麻嘴厚舌的感觉。

200 花茶汤色的专业审评术语，常用的有哪些

① 翠绿：翡翠色中略显黄，如鲜橄榄色。

② 黄绿：绿中呈黄。

③ 明亮：汤色清净透明，有光彩。

④ 浑浊：有大量游离物，透明度差。

⑤ 红汤：茶汤变红，失去原茶叶应有的汤色。

201 花茶叶底的专业审评术语，常用的有哪些

① 细嫩：叶质幼嫩柔软，芽头多，反之为粗老。

② 柔软：手压软绵无弹性，反之为粗硬。

③ 肥厚：芽叶肥壮丰满，反之为瘦薄。

④ 匀齐：叶的大小、色泽、嫩度一致，反之为花杂。

⑤ 明亮：新鲜有光泽，反之为枯暗。

202 冲泡花茶应注意什么

冲泡花茶与冲泡绿茶方法大体相同，需要注意的是，冲泡花茶时需加盖，以免香气挥发。如用玻璃杯冲泡花茶，则可在冲水后加盖玻璃片。

茉 莉 大 白 毫

203 茉莉大白毫的特点是什么

茉莉大白毫简称“大白毫”，产于福建福州。

茉莉大白毫以肥壮多毫的早春大白茶等品种的茶树鲜叶为原料，用茉莉伏花（伏天的茉莉花），经七次窨花一次提花（七窨一提）制成。大白毫重实匀称，干茶满披白毫，茉莉花香浓郁鲜灵，茶香明显，茶汤微黄，花香鲜浓，滋味醇厚，是茉莉花茶中的名品。

茉莉大白毫

茉莉大白毫茶汤

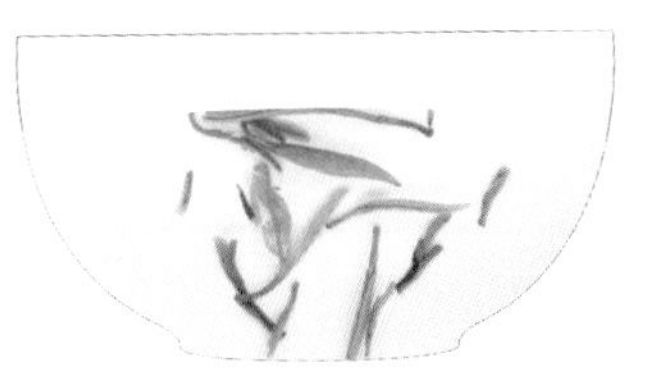

茉莉大白毫叶底

204 碧潭飘雪茶的特点是什么

碧潭飘雪产于四川省峨眉山。碧潭飘雪不仅香气清透，滋味甜美，泡开后也煞是好看，茶叶似鹊嘴，形如秀柳，茶汤清澈，呈青绿色，几片茉莉花瓣飘在茶汤上，如一潭碧水上飘洒着点点白雪，意境美好，令人遐思。

碧潭飘雪茶汤

碧潭飘雪

碧潭飘雪叶底

紧压茶

205 什么是紧压茶

紧压茶属再加工茶类，将原料茶（绿茶、红茶或黑茶）用热蒸汽蒸软，然后放在压模中压成一定形状，或方，或圆，或装压入竹篓、竹筒。紧压茶主产于云南、湖南、湖北、四川、广西等地，除较为常见的饼茶、砖茶、沱茶外，还有产于贵州黎平的绿茶紧压茶金钱花（圆形茶饼中有一方孔，类似古铜钱）、产于福建的乌龙茶饼漳平水仙（小饼茶）等。

206 云南出产哪些紧压茶

云南除著名的七子饼茶外，还有沱茶、砖茶、竹筒茶和各种形状的普洱茶紧压茶。

①沱茶：产于云南、四川等地，以绿茶（滇青）或普洱茶为原料，蒸热后装茶于布袋中，压成直径为8厘米碗臼形紧压茶。市场上还有一种迷你沱茶，正好为1泡茶的用量。以绿茶为原料蒸压而成的称“云南沱茶”，以普洱茶为原料蒸压而成的称“普洱沱茶”。

②普洱方茶：以绿茶或普洱茶为原料蒸压制成，边长为10厘米，正方形，每块重250克。

碗形普洱茶

雲南七子餅茶
YUNNAN CHI TSE BEENG CHA
中國土產畜產進出口公司雲南省茶葉分公司
CHINA NATIONAL NATIVE PRODUCE & ANIMAL BY-PRODUCTS IMPORT & EXPORT CORP.
YUNNAN TEA BRANCH

七子饼

云南砖茶

③ 竹筒香茶：将杀青、揉捻后的茶叶装入鲜竹筒内，筑紧封口，筒壁打孔，慢慢烤干而制成，成品茶外形成圆柱形。这种茶竹香茶香混合，别有风味。

④ 七子饼茶：圆饼形紧压茶，以普洱为原料，每片重357克，直径20厘米，通常七块圆茶饼包成一筒，因此称“七子饼茶”。除七子饼茶外，云南还有一种小饼茶，直径11.6厘米，每片重125克，通常4片茶一筒。

⑤ 紧茶：形状很像沱茶，蘑菇形，有柄，是以普洱为原料蒸压而成。

207 湖北出产哪些紧压茶

① 米砖茶：产于湖北，以红茶碎末为原料，在有图形花纹的模中压制成长方形，每块茶砖重约1.125千克。

② 青砖茶：产于湖北，以老青茶为原料压制成砖块形，有几种规格，每块重3.25千克、2千克、1.5千克不等。

湖北青砖

208 湖南出产哪些紧压茶

① 茯砖茶：以黑毛茶为原料蒸压成砖块形，规格为35厘米×18.5厘米×5厘米，每块重2千克。压制成砖块后要经过20多天的“发花”，使茶砖内微生物繁殖，最后长出金黄色的菌，俗称“金花”。

② 花砖茶：花砖茶的前身是花卷茶，因一卷茶净量合老秤1000两，故又称“千两茶”，是将黑毛茶蒸后筑压至竹篓中，呈圆柱形，高147厘米，直径20厘米。后因运输不便，现已改制成砖块形，因正面四边有花纹，故名“花砖”。

③ 湘尖茶：以黑毛茶为原料，蒸后筑压至竹篓中，每篓重40～50千克。

④ 黑砖茶：以黑茶为原料压制而成，规格为35厘米×18厘米×3.5厘米，呈砖块形，每块重2千克。

茯砖茶

湘尖茶

花砖茶（千两茶）的一段

完整的千两茶

209 四川出产哪些紧压茶

①康砖茶：南路边茶之一，康砖茶为圆角枕形，每块重2.5千克。

②金尖茶：圆角枕形紧压茶，每块重2.5千克。

③方包茶：西路边茶的一个重要品种，将茶筑压至篾包中，运输时每匹马驮两包，又称“马茶”。

金尖茶

康砖茶

210 广西出产哪些紧压茶

广西出产六堡茶，因产于广西苍梧六堡乡而得名。将渥堆发酵、干燥后的茶叶紧压至竹篓中，每篓重37～55千克。码放陈化半年左右，六堡茶的陈香才能显现。

六堡茶